河南省科技厅科技攻关（社发）项目：212102310526
河南省科技厅科技攻关（社发）项目：212102310373
河南省科技厅科技攻关项目：182102311028

生态·社会——城市生态环境污染及防控研究

张克胜　著

中国海洋大学出版社
·青岛·

图书在版编目（CIP）数据

生态·社会：城市生态环境污染及防控研究 / 张克胜著. -- 青岛：中国海洋大学出版社，2022.9
ISBN 978-7-5670-3270-5

Ⅰ. ①生… Ⅱ. ①张… Ⅲ. ①城市环境—生态环境—研究 Ⅳ. ①X21

中国版本图书馆CIP数据核字(2022)第169155号

生态·社会：城市生态环境污染及防控研究

出 版 人	刘文菁		
出版发行	中国海洋大学出版社有限公司		
社　　址	青岛市香港东路23号	邮政编码	266071
网　　址	http://pub.ouc.edu.cn		
责任编辑	郑雪姣	电　　话	0532-85901092
电子邮箱	zhengxuejiao@ouc-press.com		
图片统筹	河北优盛文化传播有限公司		
装帧设计	河北优盛文化传播有限公司		
印　　制	三河市华晨印务有限公司		
版　　次	2022年12月第1版		
印　　次	2022年12月第1次印刷		
成品尺寸	170 mm × 240 mm	印　　张	11
字　　数	215千	印　　数	1～1000
书　　号	ISBN 978-7-5670-3270-5	定　　价	68.00元
订购电话	0532-82032573（传真）　18133833353		

发现印刷质量问题，请致电18133833353进行调换。

前　言

随着城市化进程的快速发展，城市出现了一系列生态环境问题。近年来，生态环境保护逐渐成为我国社会日益关注的话题。为了平衡生态环境保护与发展之间的关系，各城市均投入了大量的精力，在水环境、大气环境、土壤生态、固废管理、环境风险等方面都采取了一系列举措。为保障城市发展的可持续性，我们有必要对城市生态环境中的典型问题进行分析，为可持续发展提供相关建议。

对城市生态环境的保护需要在减轻经济压力、减少生态文明建设与经济发展矛盾的前提下，开辟出生态建设的空间，进行生态系统的搭建。在此过程中，不仅要构建生态模式，还应注意生态的可持续发展，结合短期的生态计划与长远的生态建设目标，分析在城市中如何因地制宜地开展生态保护。我们应从多层次视角出发，依托城市空间发展绿色经济，让生态保护计划循环起来，根据现实环境进行生态调节，促使城市人民的活动与生态环境相互适应。

本书属于生态环境方面的著作，由城市生态环境概述、城市生态环境主要污染分析、城市生态环境评价与规划、生态文明背景下城市生态环境污染综合整治与防控、基于可持续发展的城市生态环境、生态文明背景下城市生态环境污染综合政治与防控等六部分组成。全书以生态环境污染及防控为研究对象，分析了城市生态环境的主要污染来源，并基于生态文明理念，对城市生态环境的整治与防控措施进行研究，最后探究了城市生态环境污染与防控的典型案例。本书对城市生态环境、环境整治与防控等方面的研究者与从业者具有一定的学习和参考价值。

目 录

第一章　城市生态环境概述……001

第一节　基于生态文明的城市生态环境简述……003

第二节　城市生态环境的特征……006

第三节　城市生态环境系统……008

第二章　城市生态环境主要污染分析……013

第一节　城市生态环境水体污染……015

第二节　城市生态环境空气污染……030

第三节　城市生态环境其他污染……038

第三章　城市生态环境评价与规划……049

第一节　城市生态环境评价类型与方法……051

第二节　城市生态环境评价……053

第三节　城市生态环境规划的思想与内容……059

第四节　城市生态环境的规划方法与实施……063

第四章　生态文明背景下城市生态环境污染综合整治与防控……069

第一节　转变经济方式对城市生态环境防控……071

第二节　利用先进科学技术进行生态环境防控……082

第三节　基础设施建设对环境污染的整治与防控……094

第五章　基于可持续发展的城市生态环境 109
第一节　可持续发展的基本理论 111
第二节　城市生态环境的可持续发展 118
第三节　城市生态环境可持续发展指标体系 122
第六章　生态文明背景下城市生态环境污染及防控实践案例 135
第一节　洛阳市环境污染防控与可持续发展研究 137
第二节　天津市生态环境污染及防控 141
第三节　长江经济带生态环境污染及防控 144
第四节　哈尔滨大气污染治理与防控 149
第五节　西北地区东部中小型城市生态环境污染及防控 158
参考文献 166

第一章　城市生态环境概述

第一节　基于生态文明的城市生态环境简述

虽然改革开放四十多年的伟大实践使我国经济建设取得了举世瞩目的成就，但我国生态环境问题却日益严重，社会经济发展与生态环境保护之间的矛盾日益突出，严重制约着我国的经济发展，深刻影响着人们的生活。全球生态危机的不断加剧引发了世界各国人民对生态问题的关注。党的十八大之后，习近平主席将生态文明建设提升到了国家战略高度，将生态文明建设纳入“五位一体”总体布局中，提出了一系列关于生态文明建设的新思想、新论断。习近平同志在党的十九大报告中明确提出，“要加快生态文明体制改革，建设美丽中国”，并将“美丽”纳入社会主义现代化强国的目标，强调要建设人与自然和谐共生的现代化国家，明确指出生态文明建设是中华民族永续发展的千年大计，要高度重视生态文明建设。习近平同志在2018年全国生态环境保护大会上进一步将生态文明建设提升到中华民族永续发展的根本大计的战略地位，提出要加快构建生态文明体系。习近平同志提出的生态文明思想成为我国生态文明建设的重要指导思想，引领中国生态文明建设迈向新阶段，逐渐走向世界，被世界各国人民所关注和接受，为全球生态治理提供了中国智慧和中国方案。习近平生态文明思想的形成不是一蹴而就的，而是伴随着习近平同志从地方到中央工作的实践不断积累经验而日益丰富的。习近平同志在地方工作期间以及执政中央之后，发表了一系列关于生态文明建设的重要文章和讲话，提出了许多与生态文明建设相关的新观点和新论断。基于生态文明的城市生态环境建设的需要，我们要对其做进一步的研究。

一、城市生态环境的概念

环境是影响人类生存和发展的各种天然的或经过人工改造的自然因素的总和，包括大气、水、海洋、土地、矿藏、森林、草原、野生动物、自然保护区、风景名胜、城市和乡村等。环境是空间实体，它由各种生物因素或称生命系统（包括动物、植物、微生物）、非生物因素或称环境系统（包括光、热、水、大气、风、声、土壤、无机物等）共同组成。这些因素通过物质循环、能量流动相互作用、相互制约，构成了一个有机联系的整体。

自然界的空气、水、土壤与生物界的动物、植物、微生物之间存在相互依赖又相互制约的关系，自然界与生物界的这种状态称为生态。德国生物学家赫格尔于 1869 年首次提出生态学这一概念，其最初的含义是有关自然预算的学说。1935 年，英国学者坦斯列首次用“自然生态系统”一词描述这种普遍存在于自然界中的客观规律，引起了学术界的广泛重视。1971 年，美国学者奥登把生态系统定义为“特定地段中全部生物和物理环境的统一体，并且在系统内部因能量流动而形成一定的营养结构”。生态系统中进行物质能量流动的条件（因素）即为生态环境。近年来，因为人类环境问题的增多和环境科学的发展，生态学的研究也扩展到人类生活和社会形态等方面，所以把人类也列入生态系统中，来研究整个生物圈内生态系统的关系问题。

城市是人类经过创造性劳动加工而拥有的更高“价值”的人类物质、精神环境和财富，是更符合人类自身需要的社会活动的载体和人类进步的、合理的生活方式之一，是以人类占绝对优势的新型生态系统。城市是人类社会发展到一定历史阶段的产物，是地球表面物质和能量高度集中且快速运转的地域，是人口、产业最密集的场所，是以人为主体的生态系统。为了更明确地区分城市与农村，可以科学地将城市定义如下：城市是指以非农业人口为居民主体，以空间与环境利用为基础，以聚集经济效益为特点，以人类社会进步为目的的一个集人口、经济、科学技术和文化的空间地域为一体的综合体。

综上所述，城市居民与其周围环境的相互作用形成的结构和功能关系，称为城市生态。在特定城市区域中，城市市民与城市环境的统一体以及这个统一体中进行物质能量流动的因素，称为城市生态环境。自然环境因素和社会经济因素通过代谢作用、投入产出链、生产消费链进行物质交换、能量流动、信息传递而发生相互作用，构成了具有一定结构和功能的有机联系的整体，称为城市生态系统，它是城市居民与其环境相互作用形成的复杂网络结构。因此，城市生态系统是以人为中心的城市生态环境系统。由此可以看出，城市生态环境与城市生态系统没有本质上的区别，只是二者研究的侧重点有所不同。城市生态系统研究侧重网络结构关系和调控机制的研究；城市生态环境研究侧重环境特征、要素结构功能的变化以及污染物的环境行为和效应的研究。城市生态环境是城市生态系统的基础和条件，城市生态系统是比城市生态环境高一级的综合。

二、城市生态环境分类

城市生态环境是空间实体。城市中进行物质能量流动的因素有自然环境因素（又称生命保障系统）和社会经济因素（又称人类活动系统）。所以，城市生态环境由自然生态环境和社会经济环境及沟通自然、社会、经济的各种人工设施和上层建筑（合称人工生态环境）组成，如图 1-1 所示。自然环境是人类周围各种自然因素的总和，如太阳、空气、水、土壤、植物，是人类赖以生存的基本物质条件。人工生态环境是人类在自然环境的基础上加工改造形成的环境，不仅包括物质方面，如建筑物与构筑物、各类物质产品，还包括精神、上层建筑以及社会经济范畴等方面，如政治、法律、宗教、文化。

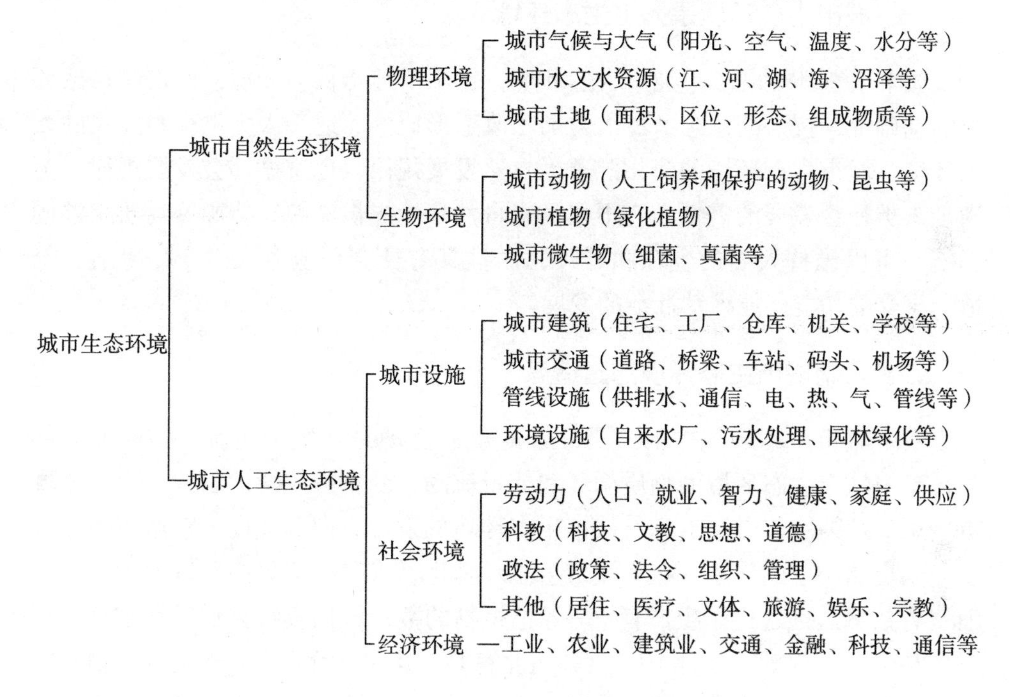

图 1-1　城市生态环境分类

第二节　城市生态环境的特征

城市生态环境是一个结构复杂、功能多样的复合型人工生态系统，它具有多种特征。

一、城市生态环境是人工生态环境

城市生态环境既不单纯指自然环境，也不单纯指社会环境，而是在自然环境的基础上，按人的意志，经人类加工改造形成的、适于人类生存和发展的人工环境。城市生态环境的演化既遵循自然发展规律，也遵循社会发展规律。为满足人类社会发展的需要，它不仅具有自然环境提供资源、能源等物质来源的功能，可以维持人类的生存和延续，而且具有社会环境令人生产、生活、舒适、享受的功能，能推动社会的发展。

二、人是城市生态环境的建造者

人是城市生态环境中的一员，人的生命活动是环境中能流、物流的一部分，参与城市生态环境的物质循环和能量流动，受自然规律的制约。人又是城市生态环境的主宰者，支配着城市生态环境的发展方向和速度，对城市生态环境起到控制调节的作用。在大城市生态环境中，人口高度集中，以人为主体的消费者数量远远超过了生产者——绿色植物的数量。据资料显示，在东京，消费者与生产者数量之比是 10 ∶ 1，而北京是 8 ∶ 1。因此，人既是城市物质能量的主要消费者，又是生产者，参与生产经营，创造物质财富，参与物质财富的分配、交换与消费。人一方面进行物质的再生产，另一方面也进行自身的再生产，以保证社会的延续和发展。

三、城市生态环境具有整体性

城市生态环境由自然、经济、社会三个部分交织而成。城市生态环境的各要素、各部分相互联系、互相制约，形成了一个不可分割的有机整体。任何一个要素发生变化都会影响整个系统的平衡，然后推动系统的发展，从而达到新的平衡。

四、城市生态环境是一个开放性的系统

城市生态环境中有大量且高速的能量、物质和信息的输入和输出，转化率高。维持系统中生命活动的能量不能全靠太阳，而必须从外部输入大量的能量。原材料、燃料要输入，产品、废料要输出，因此必须构建多功能的复杂的信息与交通网，使之形成一个特殊的开放性环境系统。据统计，在发达国家百万人的城市中，人类每天需从外界输入生活用水约 63 万吨、食物 2 000 吨、消耗燃料折合标准煤 1 万吨；而城市每天产生垃圾及固体废弃物 2 000 吨、颗粒物 850 吨，这些废弃物必须送出城市处理或寻找垃圾坑填埋。因此，城市生态环境系统的稳定性既取决于环境因素的容量，又取决于城市与外界进行物质交换和能量流动的水平。

五、城市生态环境具有一定的负荷能力

城市生态环境负荷能力有限，超过负荷，生态平衡就会被破坏，这说明城市生态环境具有脆弱性、不稳定性等特点。城市生态环境在长期演变过程中逐步建立起自我调节系统，可在一定限度内维持自身的相对稳定。城市生态环境具有较强的人工调节功能，能够通过人工调节对来自外界的冲击进行补偿和缓冲，从而维持环境系统的稳定性，不过这取决于人工调节是否合理和适时。城市生态环境容量愈大，调节能力愈强，环境系统就愈稳定。

六、城市生态环境是成耗散结构的脆弱性系统

城市生态环境的脆弱性表现在以下几方面：食物链简化、单一；高楼大厦等建筑替代了森林；纵横交错的街道代替了绿色原野；城市输水管网代替了天然水系；沥青、钢筋、混凝土代替了疏松的土壤地面；复杂的道路桥梁代替了自然地貌；野生生物消失或减少导致细菌、病毒增加，使都市恶性病比例上升；微生物的繁殖空间被各种设施占领，使生产者、消费者、分解者的生态循环模式完全被改变。

第三节　城市生态环境系统

一、城市生态环境系统的组成

从某种程度上说城市生态环境系统与自然生态系统有着本质的差别。城市生态环境系统中基本结构和物质、能量的运动很少具有自然的性质，而是人类有意识、有目的活动的产物，并且这个系统中基本结构和物质、能量的运动从根本上是由生产力发展水平所决定的。人是这个生态环境系统的最积极和最活跃的因素，人不仅能适应自然环境，还能创造自身向往的物理环境。城市生态环境系统是一个自然－社会－经济复合的人工生态环境系统，它主要包括以下几个方面。

（一）城市自然生态环境

城市自然生态环境是城市居民赖以生存的基本物质环境。在城市自然生态环境中，最重要的是土地、淡水。

（1）土地。任何一个城市都是建立在一定的土地面积之上的，人口越多，需要的土地就越多。据专家对全国 31 个大中城市的卫星遥感资料的判读和量算，1986—1995 年，主城区的实际土地规模扩大了 50.2%，城市人均用地大大超过了原来规定的指标。而我国各城市则普遍存在生产用地偏大、生活居住用地不足等问题。我国有关部门曾对 55 个城市做过统计，发现生产用地平均占城市总用地面积的 63%，生活用地只占 37%。在生活居住用地结构中，道路、广场人均用地仅 $5m^2$，低于我国城市规划定额指标每人 $6m^2$ 的要求。

（2）淡水。水是城市的命脉。水既是食物，又是原料，还是传递物质和能量的载体。我国的水资源并不丰富，各个城市又是人口和工业集中的地方，用水量往往超过当地水资源的供给能力，由此造成的城市供水严重不足、水质不合格等问题已成为我国城市经济发展的制约因素。不仅如此，我国不少城市还面临着地下水枯竭的危险。

（二）城市经济环境系统

城市经济环境系统以资源流动为核心，由工业、农业、建筑业、交通、金融、科技、通信等系统组成。它以物质从分散向集中、信息由低向高运动为特征。在城市经济环境中，能源的供给与分配结构尤为重要。我国城市中的能源结构由原生能源和次生能源组成，原生能源包括煤炭和水力，次生能源包括电力和液化气。城市消费的主要能源是煤炭，占消费总量的70%左右，而煤的最大消耗来源是工业。城市居民需要的主要是次生能源。

（三）城市社会环境系统

城市社会环境系统是一个以人为中心，以满足城市居民的就业、居住、交通、供应、文娱、医疗设备、生活环境需求为目标，为经济系统提供劳力和智力的系统。对城市社会环境系统影响最大的是人口、房屋、道路等。

（四）城市的基础设施

城市的基础设施主要包括城市水源、自来水厂与输配水管网、排水系统及污水处理、城市道路、桥梁、隧道、公共客运交通、煤气热力厂及输配管网、电力输配网、邮政、通信、园林绿化、环境卫生、防洪、消防、抗震、地面沉降防治等设施，是国民经济基础设施的重要组成部分，为城市的生产、流通、消费和国民经济服务，具有明显的经济、社会与环境生态效益，是城市正常生产与城市居民正常生活的保证，也是城市现代化水平和文明程度的重要标志。

二、城市生态环境系统的效应

城市生态环境系统的效应是指因城市自然过程和人为活动造成的环境污染和破坏而引起的城市生态环境结构和功能的变化以及生态环境的变异，一般可分为以下3种。

（一）物理效应

由声、光、热、电、辐射等物理作用引起的生态环境效应称为物理效应。例如：城市中家庭炉灶、车辆行驶大量排放废热，以及城市建筑物街道辐射热量等，产生城市热岛效应；二氧化碳排放量增加，产生温室效应；扬尘、烟灰使大气混浊，产生混浊岛效应；大量开采地下水引起地面沉降，使城市生态环境产生变异。

（二）化学效应

由物质之间发生的化学反应引起的生态环境效应称为化学效应。例如，城市大量消耗矿物燃料，排放二氧化硫，二氧化硫在大气中遇水会形成酸雾或酸雨，腐蚀城市物质，降落到地面会污染水体和土壤，产生城市环境酸化效应；

城市工厂排放的氮氧化物以及汽车尾气在气温较高、太阳强辐射的条件下产生光化学反应，形成光化学烟雾，引起水体和土壤中二氧化碳含量增加，导致盐类溶解和代换增加；工厂中含酸、碱、盐等多种污染物及重金属元素的废污水大量排放，进入城市水体或渗入地下，若经过长期积累，则会导致环境的碱化效应以及地下水硬化。

（三）生物效应

由环境因素变化导致生物系统变异的效果称为环境的生物效应。产生生物效应的原因很多，如：城市开发建设和人类活动砍树填塘，自然生态环境被改变，人为的建（构）筑物、柏油马路代替了树林、草地、农田生态系统，破坏了生物的栖息地，野生动物灭绝，生物系统简化；城市水体污染，河湖鱼虾绝迹，生物种类减少，剩下的只有一些家养动物和少数喜欢生活在居民区的受保护的动物和人工栽培的植物；致畸、致癌物质污染，导致畸形和癌症患者增多。

城市化的环境效应过程主要表现在以下几方面。

（1）改变能量流。城市建设将原有的地表覆盖加以改造，于是反射率相应地发生变化，从而改变区域的能量收入；此外，工业生产从区域外部输入化石燃料，或者输入其中已经物化能量的各种产品，它们向大气释放各种物质，阻挡长波辐射的散失，从而改变城市的能量流动。

（2）改变物质流。城市社会经济系统从城市外调运的原材料及产品向自然环境中排放污水和废气，从而改变城市的物质流。人类大量开采金属矿产，但其利用率不高，导致矿产大量被浪费，使这些金属元素在城市环境中的浓度增加，但这些金属元素有不少对人体是有害的，如汞、镉、铅等，它们会通过食物链传输危害人类。

（3）打破力的平衡。地球上的物体无一例外要受到地心引力的作用，但由于城市建设，人类活动将岩石、砂土从一个地方迁移到另一个地方，改变了地表形态和地貌过程，甚至创建了新的地貌形态，打破了地心引力的平衡，从而引发了土壤侵蚀、塌方、滑坡等危害。城市建设时所引起的地表变化，尤其是土壤侵蚀速率的变化十分惊人。据估算，每新建1000m长的公路，其土壤侵蚀量每年为450～500吨。

三、城市生态环境系统的容量

城市环境系统的容量是指城市特定区域环境所能容纳的污染物最大负荷量，即城市自然环境对污染物的净化能力或为保持某种生态环境质量标准而允许的污染物排放总量。城市生态环境系统的容量除了要考虑上述自然环境对污染物的净化能力之外，还要考虑环境资源对社会经济活动强度的承受能力，如城市的土地资源、水资源、能源等对人口和经济发展的承受能力。城市生态环境系统的容量是指在保证城市土地利用适宜、资源开发利用合理、生物受到保护、环境污染得到有效控制的前提下，城市能够容纳适度的人口和一定的经济发展速度，它是城市生态规划的基础，是城市生态规划的依据之一。城市生态环境系统的容量并非常数或恒定值，它会随时间、空间等因素的变化而变化。影响城市生态环境容量的因素主要有以下几种：城市空间的大小和各环境要素的特征，如地形、地质、水文、气象、土壤等环境系统的条件及其化学、物理的特征；植被、野生动物、微生物等生物系统条件及其生物特征；人工形成的城市环境系统，如建筑物、桥梁、道路、工厂、矿山、城市基础设施等及其引起的城市物理环境变化的特征；污染物的物理化学性质；人与生物有机体对某种污染物质或能量的耐受力。

四、城市生态环境系统的生态位

生态位又称生态龛，最早于1917年被提出并被定义为生物种群所占据的基本生活单位，主要是指物理空间。1927年，生态位又被定义为有机体与环境的相互关系中的功能和地位。1957年，其被定义为多维生态因子空间。由此可见，对生态位有多种不同的理解。城市环境给人类活动提供的多维因子空间称为城市环境生态位。它是指城市环境提供给人们的或可被人们利用的各种生态因子（如水、食物、能源、土地、气候、建筑）和生态关系（如生产力水平、环境容量、生活质量、与外部系统的关系）的集合。可见城市生态位不仅包括生活条件，还包括生产条件；不仅有物质能量因素，还有文化信息因素；不仅有空间概念，还有时间概念。它反映了一座城市对人类各种经济活动和生产与生活活动的适宜程度，还反映了城市资源、环境的优劣，能够决定城市对不同类型的经济活动以及不同职业、年龄人群的吸引力和离心力。

生态位是生物在完成其正常生活周期时所表现的对环境的综合适应特性，每一个环境因子为一个维（x）。城市环境生态位可以用城市广义环境空间 $\boldsymbol{E}$ 中的一个多维向量 $\boldsymbol{X}$ 来表示：

$$X = \left\{ X_i \middle| X_i \in E^n, i = 1, 2, \cdots, n \right\} \quad (1\text{-}1)$$

式中，$X_i = X_i(t)$是随时间 t 变化的随机变量，表示时刻 t 时第 i 个生态因子的状况。

城市环境生态位大致可分为三类：资源利用、生产条件生态位（简称生产位）；生活水平生态位（简称生活位）；环境质量生态位（简称环境位）。其中，生产位包括城市的经济水平、资源条件、流通能力等因素；生活位包括公用设施建设、居民的物质及精神生活水平、社会服务能力等因素；环境位包括资源消耗、城市的污染负荷、环境主要因子的污染状况等因素。

第二章　城市生态环境主要污染分析

第一节　城市生态环境水体污染

水体污染是指某种物质的介入导致水体化学、物理、生物或者放射性等方面特性的改变，从而影响水的有效利用，危害人体健康或者破坏生态环境，造成水质恶化的现象。环境学将水体定义为包括水中悬浮物、溶解物质、水底泥沙和水生生物等在内的完整的生态系统或自然综合体。水体按类型还可划分为海洋水体和陆地水体，陆地水体又分为地表水体和地下水体，而地表水体包括河流、湖泊等。水与水体是两个紧密联系又有所区别的概念。只有从水体的概念出发研究水环境污染，才能得出全面、准确的认识。一旦排入水体的污染物质超过了水体的自净能力，使水体恶化，达到影响水体原有用途的程度，就可以说水体被污染了。

一、水体污染的分类

（一）从污染源上的划分

环境污染物的来源称为污染源。从污染源上划分，水体污染可分为点污染和面污染。点污染是指污染物质从污染物集中排放地点（如工业废水及生活污水的排放口）排入水体。它的特点是排污较频繁，其变化规律服从工业生产废水和城市生活污水的排放规律，它的量可以直接被测定或者定量化，其影响可以被直接评价。面污染则是指污染物质来源于积水的地面上或地下。例如：农田施用化肥和农药，在灌排后水体常含有农药和化肥的残留物；在雨季，城市、矿山因雨水冲刷地面污物形成地面径流。面污染的排放是以扩散方式进行的，时断时续，并受气象因素的影响。

（二）从污染性质上的划分

从污染性质上划分，水体污染可分为物理性污染、化学性污染和生物性污染。物理性污染是指水的浑浊度、温度和颜色发生改变，水面的漂浮油膜、泡沫以及水中含有的放射性物质增加等；化学性污染包括有机化合物和无机化合物的污染，如水中溶解氧减少、溶解盐类增加、硬度变大、酸碱度发生变化或含有某种有毒化学物质；生物性污染是指水体中进入了细菌和其他污水中的微生物。

（三）从污染成因上的划分

从污染成因上划分，水体污染可分为自然污染和人为污染。自然污染是指特殊的地质或自然条件使一些化学元素大量聚集，或天然植物腐烂后产生的某些有毒物质或生物病原体进入水体，从而使水质被污染。人为污染则是指人类活动（包括生产性的和生活性的）引起的地表水水体污染。人为污染源包括工业污染源、生活污染源和农业污染源。

1. 工业污染源

工业废水是工业污染引起水体污染的最重要的原因，占工业排放污染物的大部分。工业废水所含的污染物因工厂种类的不同而千差万别，即使是同类工厂，因生产过程不同，其所含污染物的质和量也不一样。工业中，除了排出的废水直接注入水体引起污染外，固体废物和废气也会污染水体。工厂由于其产品、工艺、原料、管理方式等的不同，排放的废水水质、水量差异也很大。工业废水作为水体最重要的污染源，具有量大、面广、成分复杂、毒性大、不易净化、难处理等特点。

2. 生活污染源

由于城市人口集中，城市生活中产生的污水、垃圾和废气也会对水体造成污染。城市污染源对水体的污染主要来自生活污水，它是人们日常生活中产生的各种污水的混合液，其中包括厨房、洗涤房、浴室和厕所排出的污水。生活污水的最大特点是含氮、磷、硫多，细菌多，排放量具有季节变化规律。生活中各种洗涤水所含的一般固体物质小于 1%，且多为无毒的无机盐类、需氧有机物类、病原微生物类及洗涤剂等物质。

3. 农业污染源

农业污染源包括牲畜粪便、农药、化肥等。农业污染首先是耕作或开垦使土地表面变得疏松，在土壤和地形还未稳定时，降雨会导致大量泥沙流入水中，增加水中的悬浮物。还有一个重要原因是近年来农药、化肥的使用量日益增多，但使用的农药和化肥只有少量附着或被吸收，其余绝大部分残留在土壤或漂浮在大气中，降雨之后，经过地表径流的冲刷渗入地表水形成污染。农业污水具有两个显著特点：一是有机质、植物营养素及病原微生物含量高；二是农药、化肥残留物含量高。

（四）从污染具体形态上的划分

1. 水体感官性污染

（1）色泽变化。天然水是无色透明的，水体受污染后可使水体颜色发生变化，从而影响感官。例如，印染废水污染往往使水体颜色变红，炼油废水污染可使水体颜色变黑褐。水体颜色的变化不仅影响感官、破坏风景，还很难处理。

（2）浊度变化。水体中含有泥沙、有机质以及无机物质的悬浮物和胶体物，产生混浊现象，以致降低水的透明度，从而影响感官甚至水生生物的生活。

（3）泡状物。许多污染物排入水中会产生泡沫，如洗涤剂。漂浮于水面的泡沫不仅影响观感，还可在其孔隙中栖存细菌，造成生活用水的污染。

（4）臭味。水体发生臭味是一种常见的污染现象。水体发臭多由于有机质在嫌气状态下腐败，属综合性恶臭，有明显的阴沟臭。恶臭的危害是使人憋气、恶心，水产品无法食用，水体失去旅游功能，等等。

2. 水体有机污染

水体有机污染主要是指由城市污水、食品工业和造纸工业等排放的含大量有机物的废水所造成的污染。这些污染物在水中进行生物氧化分解过程中，需消耗大量溶解氧。一旦水体中氧气供应不足，氧化作用就会停止，引起有机物的厌氧发酵，从而使水体散发出恶臭，污染环境，毒害水生生物。这些有机物包括以下几种类型。

（1）酚类化合物。根据能否与水蒸气一起蒸发，酚类分为挥发酚和不挥发酚。挥发酚一般指沸点在 230 摄氏度以下的酚类，通常是一元酚。

酚类为原生质毒，属高毒物质。当人体摄入一定量酚类物质时，可出现急性中毒症状；人如果长期饮用被酚类污染的水，可引起头晕、出疹、瘙痒、贫血及各种神经系统常见的症状。当水中含低浓度（0.1 ～ 0.2 mg/L）酚类时，可使鱼的肉质出现异味；当达到高浓度（＞ 52 mg/L）时，则造成鱼中毒死亡。含酚类浓度高的废水不宜用于农田灌溉，否则会使农作物枯死而减产。酚类物质主要来自炼油、煤气洗涤、炼焦、造纸、合成氨、木材防腐和化工等废水。

（2）苯胺类化合物。苯胺类化合物微溶于水，易溶于乙醇、乙醚及丙酮，当其暴露于空气中时，会因氧化而色泽变深。苯胺及其衍生物可以通过吸入、食入或透过皮肤吸收而使人中毒，也能通过形成高铁血红蛋白造成人体血液循环系统损害，还可直接作用于肝细胞，引起中毒性损害。这类化合物进入肌体后易通过血脑屏障而与含大量类脂质的神经系统发生作用，引起神经系统损害。另外，苯胺类化合物还具有致癌和致突变的危害。苯胺类化合物一般会在环境中有残留，因此分析环境样品中的苯胺类化合物十分重要。这类化合物广泛存在于化工、印染、制药、合成药物、染料、杀虫剂、分子材料和炸药等重要的工业原料生产中。

（3）硝基苯类。常见硝基苯类化合物有硝基苯、二硝基苯、二硝基甲苯、三硝基甲苯及二硝基氯苯。该类化合物均难溶于水，易溶于乙醇、乙醚及其他有机溶剂。

硝基苯类化合物进入水体后，可影响水的感官性状。人体通过呼吸道吸入或皮肤吸收硝基苯会产生毒性作用，可引起神经系统症状、贫血和肝脏疾病。这类化合物主要存在于染料、炸药和人造革等工业的废水中。

（4）石油类。石油类污染物来自工业废水和生活污水。工业废水中石油类（各种烃类的混合物）主要来源有原油的开采、加工、运输以及各种炼油行业。石油类碳氢化合物漂浮于水面，并能在水体表面形成一层薄膜，隔绝空气，影响空气与水体氧的交换；分散于水中或吸附于悬浮微粒上或以乳化状态存在于水中的油，被微生物氧化分解，这个过程会消耗水中的溶解氧，使水质恶化，影响水生生物的生存。

（5）苯系物。苯系物通常包括苯、甲苯、乙苯、邻二甲苯、间二甲苯、对二甲苯、丙苯和苯乙烯八种化合物。除苯是已知的致癌物以外，其他七种化合物对人体和水生生物均有不同程度的毒性。苯系物的工业污染源主要是石油、化工、炼焦生成的废水。

（6）甲醛。甲醛为具有刺激性气味的无色可燃液体，易溶于水、醇和醚，含甲醛 35% ～ 40% 的水溶液被称为福尔马林。甲醛的还原性很强，易与多种物质结合，且易于聚合。甲醛对人体的皮肤和黏膜具有刺激作用，其进入人体后易对中枢神经系统及视网膜造成损害。含甲醛的废水排入水体后，能消耗水中的溶解氧，影响水的自净能力。

甲醛主要来源于有机合成、化工、合成纤维、染料、木材加工及制漆等行业排放的废水。

（7）有机氯农药。有机氯农药的物理及化学性质稳定，不易分解，残留期长，难溶于水。因此，有机氯农药及其降解产物对水环境污染十分严重。

（8）有机磷农药。有机磷农药的特点是毒性剧烈，但在环境中较易分解，而且其在水体中的降解速度会随温度、pH 的增高，微生物数量的增加，光照的增强而加快。有机磷农药是农药中品种最多、使用范围最广的杀虫剂。有机磷农药生产厂排放的废水中常含有较高浓度的有机磷农药原体及其中间产物、降解产物等，当它们排入水体或渗入地下后，极易造成环境污染。

（9）多环芳烃。多环芳烃是石油、煤等燃料及木材在不完全燃烧或在高温处理条件下产生的，其中许多种类具有致癌或致突变作用。例如，接触含多环芳烃较多的煤焦油和沥青的工人可出现职业性癌症。

（10）多氯联苯。多氯联苯是一组化学稳定性极高的氯代烃类化合物。其在环境中不易降解，进入生物体内也相当稳定，一旦通过食物链聚集而侵入肌体就不易被排泄出来，而聚集在脂肪组织、肝和脑中，引起皮肤和肝脏损害。当人体摄入 0.5 ～ 2 g/kg 的多氯联苯时，即出现食欲不振、恶心、头晕、肝大等中毒现象。随着水体水分循环，多氯联苯污染已成为环境污染影响最具有代表性的物质。

3. 水体无机污染

水体无机污染多指酸、碱和无机盐类对水体的污染。其一方面会使水的 pH 发生变化，破坏其自然缓冲作用，抑制微生物生长，阻碍水体自净作用；另一方面还会增大水的硬度，给工业和生活用水带来不利影响。

污染的一个重要指标是 pH。适宜生物生存的 pH 范围往往是非常狭小的，并且生物对 pH 也是很敏感的。污水的 pH 过高或过低都会影响生化处理的进行，或使受纳水体变质。酸性污水能够腐蚀排水管道，且如果不经中和处理直接排放到水体中去，还会对渔业生产带来危害。当水体的 pH 小于 5 时，就能使一般的鱼类死亡。

污水中的氮对水体中生物的影响也较大。污水中的氮可分为有机氮和无机氮两大类。有机氮如蛋白质、氨基酸、尿素、尿酸、偶氮染料等物质中所含的氮；无机氮包括氨氮、亚硝酸氮和硝酸氮等。亚硝酸氮不稳定，它可还原成氨或氧化成硝酸氮。有机氮可通过氨化作用转化为氨氮，氨氮在有氧条件下先氧化成亚硝酸氮，然后再进一步氧化成硝酸氮，与此同时要消耗掉氨氮质量 4.57 倍的氧，因此当水中氨氮浓度较高时，极易引起水体黑臭。当水体中氨氮超过 1 mg/L 时，就会使水生生物的血液结合氧的能力降低；当超过 3 mg/L 时，可在 24 ～ 96 小时内使金鱼、鳊鱼死亡。亚硝酸与氨作用生成的亚硝酸铵有致癌、致畸胎的危害。亚硝酸氮对动物的毒性较强，其作用机制主要是使血液输送氧气的能力下降，促使血液中的血红蛋白转化为高铁血红蛋白，失去与氧结合的能力，从而造成生物缺氧死亡。

含磷化合物对藻类及一些微生物也是非常重要的，过量的含磷化合物会促进有害藻类的繁殖。过多的藻类会使水产生臭味，使水质恶化而无法饮用。

含硫化合物的水体中常含有硫酸盐，它在厌氧菌的作用下还原成硫化物及硫化氢，产生的硫化氢可以被生物所氧化而生成硫酸，从而腐蚀水管。当硫化物浓度大于 200 mg/L 时，还会导致生化过程的失败。

其他有毒有害的无机化合物，如含铜、铅、铬、汞、砷、氟、氰的化合物对水体及水生物均有一定毒性。

4. 水体的富营养化污染

溶解氧不仅是水生生物得以生存的条件，还能参加水中的各种氧化还原反应，促进污染物转化降解，是天然水体具有自净能力的重要原因。含有大量氮、磷、钾等植物营养物质的生活污水的排放，使大量有机物在水中降解，释放营养元素，促进水中藻类丛生，植物疯长，使水体通气不良，溶解氧下降，甚至出现无氧层，以致水生植物大量死亡，水面发黑，水体发臭，形成“死湖”“死河”“死海”，进而形成沼泽，这种现象称为水的富营养化。富营养化的水臭味大、颜色深、细菌多，对生物有极大危害。

5. 水体油污染

水体油污染是指沿海及河口石油的开发、油轮运输、炼油工业废水的排放等造成的水体污染。当油在水面形成油膜后，会影响氧气进入水体，对生物造成危害。此外，油污染还会破坏海滩休养地、风景区的景观。

6. 水体的热污染

热电厂等的冷却水是热污染的主要来源。这种废水直接排入天然水体，可引起水温升高，造成水中溶解氧减少，还会使水中某些毒物的毒性增强。水温升高对鱼类的影响较大，可引起鱼类大量死亡。

7. 水体的病原微生物污染

生活污水、医院污水以及屠宰肉类加工厂等污水中含有多种病毒、细菌、寄生虫等病原微生物，流入水体后，会传播各种疾病。

8. 水体的放射性污染

水体的放射性污染是指放射性物质进入水体而造成的污染。放射性物质主要来自核反应废弃物。水体的放射性污染会导致生物的基因结构被破坏而引起畸变及致癌等。

二、水资源的紧缺和不可替代性

水与城市息息相关，而大气降水是淡水的主要来源。我国东部大部分沿海地区位于东亚季风区，西北部则深居内陆，远离海洋，各方面的水汽都很难到达。特殊的地理位置使我国水资源在时间和空间分布上极不均匀，这是我国北方冬、春干旱少雨的主要原因。我国虽有许多大江大河，但由于近年来工农业生产和人们生活用水的剧增，加之不少区域植被破坏严重，很多河流的水量越来越少。

（一）城市水资源的紧缺

水资源的稀缺，从本质上来说，是由水资源的有限性决定的。地球上水的总量是一定的，而饮用淡水的总量就更少了。由于人类对水资源的利用和不合理浪费越来越剧烈，水资源缺乏的问题日益明显。随着经济的发展和人口的增长，人类对水资源的需求不断增加，很多国家和地区出现不同程度的缺水问题，这种现象被称为水资源短缺。

水是一切生命赖以生存、社会经济发展不可缺少和不可替代的重要自然资源和环境要素。但是现代社会的人口增长、工农业生产活动和城市化的急剧发展，对有限的水资源及水环境产生了巨大的冲击。在全球范围内，水质的污染、需水量的迅速增加以及部门间竞争性开发所导致的水资源不合理利用，使水资源进一步短缺，水环境愈加恶化，严重地影响了社会经济的发展，威胁着人类的进步。随着我国进入城镇化的快速推进阶段，城镇发展与资源生态环境承载能力不协调的问题逐渐突出，不少城市严重缺水，或因污染而有水不能用。对此，有的城市不得不远距离调水，有的被迫超采地下水。水资源短缺日渐成为制约我国城镇化建设发展的难题。由于水资源匮乏，在城镇化快速推进的背景下，全国范围内已经出现普遍的调水现象，甚至出现从一个缺水区向另一个缺水区调水的情况。我国正处于工业化、城镇化快速推进的阶段，尤其是随着城镇人口的聚集、工业的扩张，水污染以及城镇缺水问题已成为未来城镇化发展的一道坎。新一轮城镇化发展，一个必要的前提就是节水，科学地使用水资源，提高水资源的利用率。我国城市缺水现象始于20世纪70年代，之后逐年加剧，特别是改革开放以来，城市缺水问题愈来愈严重。

目前全国多数城市地下水受到一定程度的点状和面状污染，且有逐年加重的趋势。日趋严重的水污染不仅限制了水体的使用功能，还进一步加剧了水资源短缺的矛盾，对我国正在实施的可持续发展战略带来了严重影响，还严重威胁到城市居民的饮水安全。目前，我国水资源管理在体制上依旧存在不完善的地方。例如，我国城市与乡村水资源的管理、水量与水质的管理、地表水与地下水的管理、供水与排水的管理等，分别隶属多个部门和行业，如此“多龙管水”等于“铁路警察各管一段”，与国际上实行水务局“一龙治水”模式的国家相比，显然十分落后。我国水资源总量并不丰富，地区分布不均，北方部分地区水资源开发利用已经超过资源环境的承载能力，全国范围内水资源可持续利用问题已经成为制约我国可持续发展战略的主要因素。

水资源紧缺的原因包括：①人口增长过快，工农业发展迅速，大量大型、特大型和耗水量大的工业企业的建立；②水资源综合利用率低，浪费和污染严重，华北地区水利工程特别是农业灌溉工程不够配套，防漏、防渗设施也不完善，农业灌溉存在不同程度的渗水、漏水现象，水资源有效利用率只有 50% 左右，城市供水损失率高达 10%（包括管道漏水）；③大量工业废水使水质受到不同程度的污染，已不能直接作为生产和生活用水；④由于长期受自然和人为因素的影响，生态环境遭到破坏，森林覆盖率低，不仅使涵养水源的能力低，地表水土流失严重，地下水资源量减少，还使空气湿度降低，干旱频率加大。

（二）水资源的不可替代性

没有水，就没有生命。水是人类及其他生物繁衍生存的基本条件，是人类生活中不可替代的重要资源。水是生态环境中最活跃、影响最广泛的因素，具有许多其他资源所没有的性能以及多重的使用功能，也是工农业生产的重要资源。在工业生产中，水具有冷却、加工、沸腾、蒸发、传送等一系列功能；农业用水占全球用水量的 73%。一般来说，地球表面的水在太阳辐射能和地心引力的相互作用下，不断地蒸发和升腾到大气中，在空中形成云，并在大气环流的作用下传播到不同地域，最后以降雨或降雪等形式回到海洋或陆地的表面。这些降水一部分渗入地下，成为土壤水或地下水；一部分形成地表径流汇入江、海，再经蒸发进入大气圈；还有一部分直接蒸发或经植物吸收而蒸腾进入大气。这一系列过程循环往复，永无止境。通过循环，水资源会得到不断更新。水资源是一种可再生资源，人类如果进行合理开发与利用，则可以持续享受大自然的恩惠，况且目前全世界淡水资源的利用量仅及全球径流总量的 7% 左右。就淡水总量而言，它能够满足全人类长期享用。但是，由于全球水资源在时空上分配的不均匀，以及各地区社会经济发展的不均衡，各地区水资源的供求存在着很大差异性。

在较长时间内，全球范围的降水与水分蒸发基本保持平衡，但在一定时间、空间范围内，水资源数量极为有限，并不像人们想象的那样取之不尽、用之不竭。不同形态水的循环速率差异很大，除生物水外，大气水和河流水的循环更替期最短，更新利用率高，是最活跃、最重要，也是与人类和生物生长发育最密切的水资源。但是，水资源也具有有限性、时空分布不均匀性、不可替代性的特点。世界水环境状况趋于恶化。在20世纪中期，世界湿地面积就已经减少半数，造成了严重的生物多样性损失。在发展中国家，大城市的地表水和地下水水质都在迅速恶化，威胁着人类的健康。我国水资源总量居世界第6位，但人均占有量在世界银行连续统计的153个国家中居第88位。我国水资源地区分布不均，水土资源不相匹配。长江流域及其以南地区国土面积占全国的36.5%，但其水资源量占全国的81%；淮河流域及其以北地区的国土面积占全国的63.5%，但其水资源量仅占全国水资源总量的19%。不仅如此，我国水资源年内年际分配不匀，旱涝灾害频繁。大部分地区年内连续四个月降水量占全年的70%以上，连续降水或连续枯水较为常见。其他物质可以有替代品，而水资源无替代品。即使是在经济全球化、商品交换十分活跃的今天，也不可能依赖水的进口支撑一个国家的发展。水资源的短缺会制约社会经济的发展和人民生活水平的是高。

针对我国水资源的现状，要杜绝制造水污染、浪费水的不良现象，应该加大节约用水的宣传力度，提高市民对生活用水的认识，营造人人保护水资源的氛围。对一些浪费水、污染水源的现象，要采取适当的经济制裁手段。此外，还要积极推广节水设施，鼓励节水工程。

三、国内主要水体污染分析

（一）地下水污染

地下水是人们生存和发展的重要资源，也是分布最为广泛的水资源之一，越来越受到人们的重视。但目前我国地下水资源现状不容乐观，日益严重的水污染和地下水资源的过度开发，使我国的水资源危机进一步加剧，从城市蔓延到农村，从东部到西部，从污染区域到周边区域，严重影响了人们的生产生活。

地下水污染的主要途径有以下几种。

第一，生活污染。人类在人口数量增加以及生活品质提高的同时，也制造了更多的生活垃圾和废水。这些垃圾未经处理直接填埋或焚烧以及废水直接排放，污染物会随着地表水的下渗进入地下，造成地下水质的恶化。

第二，工业污染。工厂产生废水直接排放，有害气体进入大气再随降雨进入地下水中，以及工厂废渣、放射性物质掩埋在地底与地下水接触等，都是造成地下水污染的重要原因。

第三，农业污染。农民为了追求效益，大量使用农药化肥，其中未被吸收的物质进入地下，使得地下水中的氮、磷等元素超标。此外，不合理的回灌使得污水再次进入地下水中，污染了水质。

第四，咸水污染。尤其是在我国沿海地区，当含水层中的淡水被大量抽取时，可能会引发咸水的倒灌入侵。

第五，自然污染。人类活动使得原本处于稳定状态的化学元素大量进入地下水中，如近几年在地下水中发现的砷。

当前水资源面临严峻形势，应加强水资源的保护，地下水的治理工作应以预防为主，治理为辅。

一方面，针对污染源，政府部门应加大控制力度。对排污量大的企业要进行综合治理，确保企业按照标准排放污染物。加大对矿区、加油站等的检查力度。另外，还应增强人们的节约、环保意识，进行垃圾分类，废水不乱排放，引导农民合理施肥、节水灌溉，制定合理的政策，为水资源的保护提供有效的法律支持等。

另一方面，加强地下管道的检测。下雨天雨水的渗入使得地下污水管道以及地下输油管道周边的有害物质进入地下，污染地下水。另外，管道的泄漏也造成了水质的污染。对于污染地区，应增加污染治理资金投入，有关部门做好监督工作，积极开展地下水环境的调查工作，重视地下水污染的检测，完善监测体系。针对地下水污染特别严重的地方，应直接执行一系列的净化手段，同时引进地下水污染防护与治理技术，做好地下水污染的预防与整治工作。

作为水循环系统中的重要组成部分，地下水在工业、农业、生活等方面发挥了重要作用。我国在经济发展和社会建设的重要时期，应把可持续发展放在首位。因此，地下水污染的治理刻不容缓。

（二）河水污染

河水污染指未经处理的工业废水、生活污水、农田排水以及其他有害物质直接或间接地进入河流，超出了河流的自净能力，引起水质恶化和生物群落变化的现象。虽然河流的稀释自净能力强，利于污染物的分散、降解，但是许多工业区都建立在滨河地区，大量排放废水入河，使得大多数河流受到了不同程度的污染。河水污染具有以下几个特点。

第一，污染程度随径流量的变化而变化。在排污量相同的情况下，河流径流量大、稀释比例大，污染程度轻。河流径流量随时间的变化而变化，因此河流污染程度也会随时间的变化而变化。

第二，污染扩散快。河水是流动的，某河段遭受污染会迅速扩散到下游河段。

第三，污染影响大。污染水质通过灌溉农作物和食物链等作用，最终危害人类。

第四，污染易控制。河水交替快，自净能力强，河水的范围相对小而集中，只要治理与保护措施得当，受污染的河流就可以很快复原。

水体的水质污染种类很多，为了能确切地反映各种污染状况，必须确定一些水质指标和参数。水质指标有如下几类。

（1）感官性指标。包括颜色、臭味和透明度。

（2）有机物指标。废水中有机物浓度是一个重要的水质指标。水质中有机物的浓度单位主要采用 1 L 水中含有的各种离子的质量，即 mg/L，也可用 1 kg 水样中含有 1 mg 被测物质的量来表示。因为有机物的组成比较复杂，所以一般用氧平衡指标表示有机物的浓度，常用的是溶解氧（DO）、生化需氧量（BOD）和化学耗氧量（COD）等。

（3）酸碱类污染物指标。酸性、碱性废水能够破坏水体的自然缓冲作用，妨碍水体的自净功能。而 pH 是检测水体受酸碱污染程度的一个重要指标。

（4）氮、磷类污染物指标。含氮、磷、钾、硫等元素的化合物是农作物生长需要的宝贵营养物质，但过多的营养物质进入天然水体，将使水质恶化，造成污染，当污染严重时，还会使水体富营养化。水生生物需要的营养物质是多种多样的，其中氮、磷是藻类生长的控制元素，故常用限制水体中氮、磷元素含量的办法来控制水体富营养化的速度。

（5）重金属指标。从环境方面而言，重金属主要指汞、镉、铅、铬以及类金属砷等生物毒性显著的元素。

（6）病原微生物指标。病原微生物是指进入水体的病菌、病毒和动物寄生物。可用作水体水质病菌指标的主要是大肠菌群。

据统计，我国几条主要河流的水质情况如下。

长江干流水质好于支流，但流经主要城市的河段岸边水域污染严重，对沿岸饮用水源构成了威胁。据统计，全流域水质符合地面水Ⅰ、Ⅱ类标准的占42%，Ⅲ类的占29%，Ⅳ、Ⅴ类的占29%。主要污染物为氨氮、高锰酸盐指数和挥发酚，个别河段铜、砷化物超标。

黄河干流水质尚好，但有些河段受到有机污染。支流汾河、渭河、湟水河、伊洛河的部分河段污染严重。全支流域水质符合Ⅰ、Ⅱ类标准的占7%，Ⅲ类的占27%，Ⅳ、Ⅴ类的占66%。主要污染物为氨氮、高锰酸盐指数、生化需氧量和挥发酚。

淮河流域水质污染严重。1994年发生了三起特大污染事故，其中以7月15—20日淮河干流鲁台子段到蚌埠间段发生的污染事故最为严重，群众受危害最严重。此次污染在一段时间内给淮南、蚌埠、淮安、连云港、盐城等地数十万居民生活用水带来了严重影响，给工农业生产造成了巨大损失。淮河流域中Ⅰ、Ⅱ类的水质占16%，Ⅲ类的占40%，Ⅳ、Ⅴ类的占44%。

上海黄浦江水质状况分为三个断面：闵行以上江段水质为Ⅱ、Ⅲ类；临江、长桥江段为Ⅲ、Ⅳ类；而位于市区的南市、杨浦等江段为Ⅳ、Ⅴ类。

（三）湖泊、水库水污染

我国湖泊达到富营养水平的已有63.3%，处于富营养和中营养状态的湖泊水库面积占湖泊水库总面积的99.5%。环境监测表明：大淡水湖泊富营养程度进一步加重，主要污染物是总磷和总氮；巢湖西半湖和滇池污染较重；太湖高锰酸盐指数较高，人工湖河道污染较重；洪泽湖突发性事故时有发生。全国城市内湖泊富营养化严重，其中济南大明湖和南京玄武湖污染较重；大型水库水质普遍较好，但一些水库也受到总氮、总磷等的污染。

（四）城市近海污染

近年来，我国沿岸海域无机氨和无机磷普遍超标，污染程度有所增加，局部海域营养盐含量已超过国家Ⅲ类水质标准，油类污染有所减轻，但珠江口、大连湾、胶州湾等海域污染仍较严重。我国近海海域内发生赤潮的频次和面积也有所增加。1994年全国渔业水域生态环境恶化的状况未得到明显改善，水产养殖业受到了严重影响，局部水域内发生水生生物死亡的状况，沿岸梭鱼、海螺、蛤蜊、毛蚶、贻贝、牡蛎等水产品受污染比较严重。

四、水体污染的危害

我国是一个水资源相对短缺的国家。随着我国工业化、城市化进程逐步加快，我国水资源短缺的形势也越来越严峻。

由于地表水资源的可使用量在一定的空间和时间范围内是有限的，地下水的污染和地下水的超采就会相互作用，即严重的污染往往会使可供水源减少，以致增加对地下水的开采需求，这样会造成地下水的过量开采，引起地下水自净能力的降低，从而加剧地下水污染的程度。

（一）水体污染对人类的危害

水是生命的源泉，是构成人体的重要组成部分。水在人体内的含量达70%，其余30%左右为固体营养物（蛋白质、碳水化合物、脂质、矿物质、维生素等）。人体中60%的水在细胞内，40%的水在细胞外液（血管内液、细胞间液）。成年人每天需水量为2.5～3 L，其中直接饮用1 L左右，食物中补充1 L，人体新陈代谢形成0.5 L。污染的水对人体有很多不利影响。例如，长期饮用水质不良的水，会导致体质不佳，抵抗力减弱。

重金属污染的水对人的健康危害极大。人食用被镉污染的水、食物后，会造成肾、骨骼的病变，摄入硫酸镉20 mg，就会造成死亡。饮用含砷的水，人会发生急性或慢性中毒。砷会使许多酶受到抑制或失去活性，造成机体代谢障碍，皮肤角质化，严重可引发皮肤癌。饮用含有机磷农药残留物的水会造成神经中毒。有机氯农药残留物会在脂肪中蓄积，对人和动物的内分泌、免疫功能、生殖系统均会造成危害。氰化物也是剧毒物质，进入血液后，与细胞色素氧化酶结合，使呼吸中断，造成呼吸衰竭，使人窒息死亡。常见的饮用水水质项目对人体健康的影响如表2-1所示。

表2-1　常见的饮用水水质项目对人体健康的影响

项目	对人体健康的影响
铅	对肾脏、神经系统有危害，对儿童具有高毒性，具有致癌性
镉	对肾脏有急性伤害
砷	对皮肤、神经系统等有危害，具有致癌性
汞	对人体的伤害极大，主要危害肾脏、中枢神经系统
硒	高浓度会危害肌肉及神经系统

续 表

项目	对人体健康的影响
亚硝酸盐	造成心血管方面的疾病，对婴儿的影响最为明显（蓝婴症），具有致癌性
总三卤甲烷	具有致癌性
三氯乙烯	摄入过多会损害中枢神经、心脏的功能
四氯化碳	对人体健康有广泛影响，具有致癌性，对肝脏、肾脏功能影响极大

另外，世界上 80% 的疾病与水有关。伤寒、霍乱、胃肠炎、痢疾、传染性肝炎这五类疾病，均由水的不洁引起。病原微生物具有数量大、分布广、存活时间长、繁殖快、传播快、生存力强、抗药性的特点。由水体病原微生物引起的传染病问题已十分突出。大量研究资料表明，水体污染是导致癌症发生的一个极其重要的原因，依靠全社会的力量，采取综合手段、有效治理环境污染，是癌症综合预防措施的重要组成部分。

（二）水体污染对经济发展的制约

工农业经济的发展无不依靠和消耗着现有的水资源。近十年来，水污染危害越来越大，水污染对工业、农业、地下水、渔业、水利工程、林业、城市生活、旅游景观及环境等，都造成了很大损失。如今，水污染带来的经济损失越来越大。

采矿业、冶金化工业、机械电子制造业等一、二、三产业的生产活动都离不开水。工农业生产不仅需要足够的水量，对水质也有一定的要求。水质不达标，工农业会遭受很大的损失，特别是在工农业生产过程中使用被污染了的水后，对人类会造成极大的危害。水质污染会使工业设备受到破坏，严重影响产品质量。有的工业生产需要以水为原料或利用水洗涤产品和直接参加产品的其他加工过程，恶化的水质将直接影响产品的质量。工业冷却水的用量极大，水质恶化也会造成冷却水循环系统的堵塞、腐蚀和结垢等问题，水质硬度的增高还会影响锅炉的使用寿命和安全。水质污染后，工业用水必须投入更多的处理费用，造成资源、能源的浪费。食品工业用水的要求更为严格，水质不合格，会使生产停滞，这也是工业企业效益不高、产品质量不好的原因之一。

农业使用污水，会使作物减产，品质降低，甚至使人畜受害。如果大片农田遭受污染，将会使土壤质量降低，导致农作物产量严重下降。水中的有机污染物种类很多，它们的共同点是容易分解。污水中的有机物进入农田后，在旱地氧化条件下，有机物会迅速分解，变成二氧化碳和其他无机形态。在水田中，其分解过程会消耗大量氧气，且氧化物（如三价铁）、硫酸根、锰等被还原，分解过程中生成的氢气、甲烷等气体及乙酸、丁酸等有机酸和醇类等中间产物，相当一部分会对水稻有毒害作用，同时因氧化还原电位的降低，生成的过量亚铁离子和硫化氢使水稻的养分吸收和代谢过程受抑制，导致水稻减产。各种工业企业的排水常具较强的酸性或碱性，如造纸厂的废水碱性很强，硫化物矿排水，水泥、水坝施工现场排水等均含大量的酸、碱性物质。当水稻受碱危害时，叶色浓绿，地上部分生长受抑制，引起缺锌症状，叶片出现赤枯状斑点，影响生长。在酸性过强的情况下，水田土壤表面呈赤褐色，水稻吸收铁过多，会产生营养障碍，大量的活性铝也对植物根系的生长有抑制作用。工业废水中的有害成分还有酚，酚的来源比较广，焦化厂、城市煤气厂、炼油厂和石油化工厂等排放的废水中含有大量的酚。高浓度的酚影响农作物生长发育，使其植株变矮，根系发黑，叶片狭小，叶色灰暗，阻碍植物对水分、养分的吸收以及光合作用的进行，会使产量大大降低，当程度严重时，庄稼干枯，甚至颗粒无收。高浓度的酚还会在植物体内积累，使其带酚味，品质下降，特别是蔬菜作物受影响更大。

海洋污染的后果也十分严重，如石油污染会造成海洋生物死亡。渔业的产量和质量与水质直接紧密相关，水体污染直接使渔业的产量和质量下降。水污染造成淡水渔场鱼类大面积死亡的事故，已经不是个别事例。除此之外，还有很多天然水体中的水生生物濒临灭绝或已经灭绝。海水养殖事业也受到了水污染的破坏和威胁。水污染除了造成鱼类死亡、影响产量外，还会使水生生物发生变异。如果有害物质在水生生物体内如果有害物质的积累，食用这些水生生物会使人类健康受到威胁。

水体污染使城市增加了生活用水和工业用水的污水处理费用。城市生活污水主要指城市居民在生活中产生的污水，主要包括冲厕用水、生活洗涤用水、厨房污水等。这些生活用水耗量大、处理费用高、成分复杂，而且我国生活区、商业区、办公区混杂，餐饮、洗浴业遍布，生活污水排泄与城市排洪共用下水道系统。居民楼、宾馆等生活污水预处理以小片为单位，没有统筹规划，其经过预处理或未经处理直接由城市下水道流入江河。因此我国城市生活污水具有源多、面广、量大，杂、散、乱的特点，这也是水体污染严重的原因之一，也给现阶段我国城市生活污水防治带来了困难。随着人口迅速增加和人民生活水平的日益提高，生活污水量也大幅增长。近年来，城市生活污水和工业废水排放量的比例已接近 1 ∶ 1，但是，城市污水处理厂的建设却远远不能适应经济社会发展的需要。

第二节　城市生态环境空气污染

一、大气污染的概念

按照国际标准化组织（ISO）做出的定义，大气污染通常指由于人类活动和自然过程引起某种物质进入大气中，呈现出足够的浓度，停留足够的时间并因此而危害了人体的舒适、健康和福利或危害了环境的现象。

大气层是指因重力关系而围绕地球产生的一层混合气体，包括对流层、平流层、中间层、热层和散逸层等。其中，大气污染主要发生在人类活动最为密集的对流层，大气靠近地球表面并且受地面摩擦力影响较为明显的区域，称为边界层。大气污染物在大气边界层内分布相对均匀，颗粒物等呈胶体状悬浮在大气中做布朗运动，形成气溶胶。

（一）大气污染的自然因素

自然界中某些自然现象向环境排放有害物质是大气污染的一个很重要的来源。与人为污染源相比，由自然现象所产生的大气污染物种类少、浓度低，但其在局部地区可能造成严重影响。因此从全球角度看，天然污染源还是很重要的，尤其是在清洁地区。大气污染物的天然源主要有火山喷发，排放二氧化硫、硫化氢、二氧化碳、一氧化碳、氟化氢及火山灰等颗粒物；森林火灾，排放一氧化碳、二氧化碳、二氧化硫、二氧化氮、碳氢化合物等；自然扬尘，包括风沙、土壤尘等；森林植物释放物，主要为萜烯类碳氢化合物；海浪飞沫，它的颗粒物主要为硫酸盐与亚硫酸盐。在某些情况下，天然污染源比人为污染源更严重，全球氮排放中的 93%、硫氧化物排放中的 60% 来自天然污染源。

影响大气污染的自然灾害主要是火山爆发和森林火灾。

火山爆发指气态（水蒸气、二氧化硫）、固态（火山灰、火山弹）、液态（岩浆）等喷出物在短时间内从火山口向地表的释放。岩浆中含大量挥发成分，再加上覆岩层的围压，使这些挥发成分溶解在岩浆中无法溢出，当岩浆上升靠近地表时，压力减小，挥发成分急剧地被释放出来，最终形成火山喷发。火山喷发是一种奇特的地质现象，是地壳运动的一种表现形式，也是地球内部热能在地表的一种强烈的释放。火山爆发时喷出的大量火山灰和火山气体会对气候造成极大的影响，如昏暗的白昼和狂风暴雨，甚至泥浆雨都会困扰当地居民长达数月之久。火山喷发的火山灰不同于烟灰，它是坚硬的小颗粒，不溶于水。吸入火山灰会导致人和动物的呼吸道和肺部受损。火山灰和火山气体被喷射到高空中，会随风散布到很远的地方。这些物质遮住阳光，会导致气温下降。有时大量火山灰和其他化学物质会悬浮在大气中，形成一层厚厚的保护层，把太阳光反射回宇宙。火山喷发气体中的二氧化硫甚至还会形成酸雨，酸雨落到地面会对植物造成直接危害，使农作物大幅减产。

森林火灾是一种突发性强、破坏性大、处置较为困难的自然灾害。长期的干燥天气可能导致地面温度持续升高，易引起森林物质自燃。雷击也会导致火灾的发生。森林火灾也是造成空气污染的因素之一，因为森林火灾能产生空气污染物质。在正常情况下，空气的组成主要有氮气、氧气、二氧化碳、稀有气体、水蒸气和灰尘等。森林火灾所产生烟雾的成分主要为二氧化碳和水蒸气，这两种物质占所有烟雾的 90% ～ 95%；另外，还有一氧化碳、碳氢化合物、硫化物、氮氧化物及微粒物质等，占 5% ～ 10%。对空气污染来说，二氧化碳是不是污染物质，主要看其在空气中含量的高低。在正常情况下，空气中的二氧化碳含量约为 0.03%，对植物和人类都不会构成危害，而且二氧化碳是绿色植物进行光合作用的主要原料，能够促进植物的生长。但是，对于人类和某些动物来说，当空气中二氧化碳的含量过高时，会影响其健康：当含量达到 0.05% 时，人就会感觉呼吸不适；当达到 4% 时，人就会产生头晕、耳鸣、呕吐等症状；当超过 10% 时，人就会窒息死亡。森林火灾所释放出的二氧化碳的量是相当大的，不可避免地会影响空气的质量。

影响大气污染的气象因素包括气象动力因素和气象热力因素。

气象动力因素主要是指风和湍流，它们对污染物在大气中的稀释和扩散起着决定性作用。风是大气的水平运动，风把污染物从污染源向下风方向输送的同时，还起着扩散、稀释污染物的作用。一般来说，污染物在大气中的浓度与污染物排放量成正比，与风速则成反比，如当风速增大一倍时，下风方向的污染物浓度将减少 50%。风速时大时小，具有阵性的特点，在主导风向上出现的上下左右不规则的阵性搅动，就是大气湍流。污染物会在风的作用下向下风向飘移并扩散、稀释，同时在湍流作用下向周围逐渐扩散。

气象热力因素主要是指大气温度层结和大气稳定度。大气温度层结是指大气垂直方向的气温分布状况，气温的垂直分布决定着大气稳定度，大气稳定度又影响着湍流的强度，这是影响大气污染的一个重要因素。在对流层内，气温随着高度的增加而递减，空气上层冷、下层暖。因此大气在垂直方向不稳定时，对流作用显著，能使污染物在垂直方向上扩散和稀释。在近地低层大气中，有时会出现气温分布与标准大气情况下的气温分布相反，即气温会随高度的增加而增加的温度逆增情况，称为逆温。逆温层的出现使近地低层大气上部热、下部冷，大气稳定，不能发生对流作用，导致大气污染物不能在垂直方向扩散、稀释，因而容易造成大气污染。

（二）大气污染的人为因素

人类的生产和生活活动是大气污染的主要来源。我们通常所说的大气污染源是指由人类活动向大气输送污染物的发生源。大气污染物的人为发生源可以按不同的因素进行分类：按污染源的运动状态划分，可分为固定污染源和移动污染源。固定污染源是排放污染物的固定设施，如排放硫氧化物、氮氧化物、煤尘、粉尘及其他有害物质的锅炉、加热炉、工业窑炉、民用炉灶。移动污染源主要是向大气中排放污染物的交通工具，如汽车、飞机、船舶。按污染物的影响范围划分，可分为局部大气污染源和区域性大气污染源。前者是引起小范围局部地区的大气污染的原因，后者是引起大范围（有时超出行政区划或国界）的区域性的大气污染的原因。

通常，按照人们社会活动的功能，可把人为污染源分为燃料燃烧排放、工业生产过程排放、交通运输排放、农业活动排放。

1. 燃料燃烧排放

煤、石油、天然气等燃料的燃烧过程是大气污染物的重要发生源。煤是主要的工业和民用燃料，主要成分是碳，并含有氢、氧、氮、硫及金属化合物。煤在燃烧过程中，除产生大量烟尘外，还会形成一氧化碳、二氧化硫、氮氧化物、有机化合物等有害物质。火力发电厂、钢铁厂、焦化厂、石油化工厂和有大型锅炉的工厂、用煤量大的工矿企业等，根据工业企业的性质、规模不同，其对大气产生污染的程度也不同。除此之外，家庭炉灶排气是一种排放量大、分布广、排放高度低的空气污染源，其危害性不容忽视。

2. 工业生产过程排放

在工业生产过程中，排放到大气中的污染物种类多、数量大，是城市或工业区大气的重要污染源。在工业生产过程中，排放废气的工厂也有很多。例如，石油化工企业排放二氧化硫、硫化氢、二氧化碳、氮氧化物；有色金属冶炼工业排放二氧化硫、氮氧化物以及含重金属元素的烟尘；磷肥厂排放氟化物；酸碱盐化工企业排放二氧化硫、氮氧化物、氯化氢；钢铁工业排放粉尘、硫氧化物、氰化物、一氧化碳、硫化氢、酚、苯类及烃类化合物。总之，工业生产过程中排放的污染物的组成与工业企业的性质密切相关。

3. 交通运输排放

汽车排气已成为大气污染的主要污染源。汽油车排放的主要污染物是一氧化碳、氮氧化物、硫氢化合物和铅（如果使用含铅汽油）；柴油车排放的污染物主要有氮氧化物、颗粒物、碳氢化合物、一氧化碳和二氧化硫。

4. 农业活动排放

农药及化肥的使用虽然对提高农业产量起着重大作用，但是也给环境带来了不利影响，致使施用农药和化肥的农田成为大气的重要污染源。当田间施用农药时，一部分农药会以粉尘等颗粒物形成逸散到大气中，而残留在作物上或黏附在作物表面的仍可挥发到大气中，进入大气中的农药可被悬浮的颗粒物吸收并随气流向各地扩散，造成大气农药污染。化肥在农业生产中的施用给环境带来的不利因素正逐渐引起人们的关注。例如，氮肥在土壤中经过一系列的变化过程会产生氮氧化物释放到大气中；氮在反硝化作用下可形成氧化亚氮释放到大气中，氧化亚氮不易溶于水，其可被传输到平流层，并与臭氧产生相互作用，使臭氧层遭到破坏。

二、空气污染源的变化

（一）以往我国城市空气污染的主要原因

以往，工业企业是大气的主要污染源，也是大气污染防护工作的重点之一。随着工业的迅速发展，大气污染物的种类和数量日益增多。

居民区内人口集中，大量的民用生活炉灶和采暖锅炉需要消耗大量的煤炭，特别在冬季采暖时间，往往使受污染地区烟雾弥漫，这也是一种不容忽视的大气污染源。烧煤是我国以往空气污染最根本的原因。我国的能源结构是以煤为核心的，这样的能源结构在现在以及今后相当长的时期内都很难改变。而且，随着经济的发展，我国对能源的需求越来越大，我国煤炭的消耗会随之大幅度提高，由此产生的二氧化硫、一氧化氮等污染气体将进一步增加。大气中的有害气体、细颗粒物和痕量有毒污染物已经形成了复合污染。

（二）目前我国城市空气污染的主要原因

近几十年来，由于交通运输事业的发展，城市内行驶的汽车日益增多，火车、轮船、飞机等客货运输频繁，这给城市增加了新的大气污染源。其中，影响较大的是汽车排出的废气。进入21世纪，汽车污染日益成为全球性问题。随着汽车数量越来越多、使用范围越来越广，它对世界环境的负面效应也越来越大，尤其表现为危害城市环境、引发呼吸系统疾病、造成地表空气臭氧含量过高、加重城市热岛效应等。21世纪初，汽车排放的尾气占大气污染的30%～60%。随着机动车的增加，尾气污染由局部性转变成连续性和累积性，而各国城市市民成为汽车尾气污染的直接受害者。汽车尾气污染的特点是其排出的污染物距人们的呼吸带很近，能直接被人吸入，影响人体健康。总的来说，汽车尾气中的有害物质有以下几种。

1. 固体悬浮颗粒

固体悬浮颗粒的成分很复杂，并具有较强的吸附能力，可以吸附各种金属粉尘、强致癌物苯并芘和其他病原微生物等。固体悬浮颗粒随人的呼吸进入人体肺部，以碰撞、扩散、沉积等方式滞留在呼吸道的不同部位，引起呼吸系统疾病。当悬浮颗粒积累到一定浓度时，便会引发恶性肿瘤。此外，悬浮颗粒物还能直接接触皮肤和眼睛，阻塞皮肤的毛囊和汗腺，引发皮肤炎症和结膜炎，甚至造成角膜损伤。

2. 氮氧化物

氮氧化物主要是指一氧化氮、二氧化氮，它们都是对人体有害的气体，特别对呼吸系统危害较大。人在二氧化氮浓度为9.4 mg/m^3的空气中暴露10分钟，即可造成呼吸系统功能失调。

3. 碳氢化合物

碳氢化合物和氮氧化物在紫外线的作用下，会产生一种具有刺激性的浅蓝色烟雾，其中包含臭氧、醛类、硝酸酯类等多种化合物。这种光化学烟雾对人体最突出的危害是刺激眼睛及上呼吸道黏膜，引起眼睛红肿和喉炎。1952年12月，伦敦出现了光化学烟雾污染，在4天中，死亡人数较常年同期多4 000人，45岁以上的人死亡最多，约为平时的3倍，1岁以下的婴幼儿约为平时的2倍。

4. 铅

铅是有毒的重金属元素，汽油中大多数掺有防爆剂四乙基铅或甲基铅，其燃烧后生成的铅及其化合物均为有毒物质。城市大气中的铅有60%以上来自含铅汽油的燃烧。人体中铅含量超标可引发心血管系统疾病，并影响肝、肾等重要器官及神经系统的功能。铅尘密度大，且通常积聚在1 m左右高度的空气中，因此对儿童的威胁最大。

（三）PM2.5 值的变化

总悬浮颗粒物（TSP）、可吸入颗粒物（PM10）和细颗粒物（PM2.5）是环境空气质量监测中经常使用的三个概念，它们代表着三类直径不同的大气污染物，对人体健康和环境空气质量都有重要的影响。世界各国对大气颗粒物的监控经历了标准由宽到严、监测对象由大到小的发展过程，欧美国家和部分发展中国家已逐步将 PM2.5 纳入当地空气质量标准，进行强制性限制。

PM2.5 是指大气中直径小于或等于 2.5 μm、大于 0.1 μm 的颗粒物，也称为可入肺颗粒物，它的直径不到人头发丝粗细的 1/20。虽然 PM2.5 只是地球大气成分中含量很少的组分，但它对空气质量和能见度等会造成严重影响。与直径较大的大气颗粒物相比，PM2.5 粒径小，含大量的有毒、有害物质，且在大气中停留的时间长、输送的距离远，因而对人体健康和大气环境质量的影响更大。

PM2.5 粒径小，富含大量有毒有害的物质，且具有较强的穿透力，可以抵达细支气管壁，并干扰肺内的气体交换。其中最小的微粒（直径小于等于 0.1 μm）会通过肺部传递，影响人体其他器官，对人体的危害最大。

每个人每天平均要吸入约 10 000 L 空气，进入肺泡的微尘可不经过肝脏的免疫作用直接进入血液中，循环分布到全身，也会损害血红蛋白输送氧的能力，对贫血和有血液循环障碍的人来说，可能会产生严重后果。例如，可以加重呼吸系统疾病，甚至引起充血性心力衰竭等心脏疾病。总之，这些颗粒物还可以通过支气管和肺泡进入血液，其中的有害气体、重金属等溶解在血液中，对人体健康的伤害更大。人体的生理结构决定了其对 PM2.5 没有任何过滤、阻拦能力，而 PM2.5 对人类健康的危害却随着医学技术的进步，逐步暴露出其恐怖的一面。PM2.5 会导致动脉斑块沉积，引发血管炎症和动脉粥样硬化，最终引起心脏病或其他心血管疾病。当空气中 PM2.5 的浓度长期高于 10 mg /m^3，就会使死亡风险上升。其浓度每增加 10 mg /m^3，总的死亡风险会上升 4%，心肺疾病带来的死亡风险上升 6%，肺癌带来的死亡风险上升 8%。无论发达国家还是发展中国家，目前大多数城市和农村人口均受到颗粒物对健康的影响，高污染城市中的死亡率化相对清洁城市中的高 15% ～ 20%。

我国大城市的区域空气污染类型在短短30年就走过了发达国家200年的历程，从粉尘污染时代到粉尘+硫酸盐污染时代，再到现在的粉尘+硫酸盐+硝酸盐以及有光化学烟雾参与的复合污染时代，而在粉尘污染时代建立的空气质量评价体系已经无法描述复合污染类型，尤其是细颗粒物的污染状况。可吸入颗粒物PM10已成为我国近些年城市大气污染的首要污染物，而在PM10组成中，PM2.5占50%～80%。PM2.5主要来自机动车尾气尘、燃油尘、硫酸盐、餐饮油烟尘、建筑水泥尘、煤烟尘和硝酸盐等。

三、空气污染的危害

（一）大气污染对人体健康的危害

大气被污染后，由于污染物的来源、性质、浓度和持续时间的不同，以及污染地区的气象条件、地理环境等因素的差别，甚至人的年龄、健康状况的不同，污染物对人会产生不同的危害。

大气污染对人体的影响首先是感觉上不舒服，随后生理上出现可逆性反应，再进一步会出现急性危害症状。大气污染对人的危害大致可分为急性中毒、慢性中毒、致癌三种。

1. 急性中毒

大气中的污染物浓度较低时，通常不会造成人体急性中毒，但在某些特殊条件下，如工厂在生产过程中出现特殊事故，大量有害气体泄漏，外界气象条件突变，便会引起人群的急性中毒。

2. 慢性中毒

大气污染对人体的慢性毒害作用主要表现为，人体长时间接触低浓度的污染物质后，出现患病率升高等现象。近年来，我国城市居民肺癌发病率很高，其中最高的是上海市，且城市居民呼吸系统疾病明显高于郊区。

3. 致癌

大气污染致癌是指污染物长时间作用于肌体，损害生物体内遗传物质，引起突变。如果生殖细胞发生突变，使后代肌体出现各种异常，称为致畸作用；如果引起生物体细胞遗传物质和遗传信息发生突变，称为致突变作用；如果诱发肿瘤，称为致癌作用。这里所指的“癌”包括良性肿瘤和恶性肿瘤。环境中致癌物可分为化学性致癌物、物理性致癌物、生物性致癌物等。致癌物的作用过程相当复杂，一般有引发阶段、促长阶段。能诱发肿瘤的因素，统称为致癌因素。由于长期接触环境中致癌因素而引起的肿瘤，称为环境瘤。

大气污染还包括大气的生物性污染和大气的放射性污染。大气的生物性污染物主要包括病原菌、霉菌孢子和花粉。病原菌能使人患肺结核等传染性疾病，霉菌孢子和花粉能使一些人产生过敏反应。大气的放射性污染物主要包括原子能工业的放射性废弃物和医用X射线源等，这些污染物容易使人患皮肤癌和白血病等。

（二）大气污染物对天气和气候的影响

大气污染物对天气和气候的影响可以从以下几个方面加以说明。

（1）减少到达地面的太阳辐射量。工厂、发电站、汽车、家庭取暖设备等向大气中排放的大量烟尘，使空气变得非常浑浊，遮挡了阳光，使得到达地面的太阳辐射量减少。据有关部门观测统计，在大工业城市烟雾不散的日子里，太阳光直接照射到地面的量比没有烟雾的日子减少近40%。在大气污染严重的城市中，这种情况较为频繁，就会导致人和动植物因缺乏阳光而生长发育不好。

（2）增加大气降水量。从大工业城市排放出来的微粒，其中有很多具有水汽凝结的作用。因此，当大气中的其他一些降水条件与之结合的时候，就会出现降水天气。在大工业城市的下风地区，降水量更多。

（3）酸雨。有时候，降雨中含有硫酸。这种酸雨是大气中的污染物二氧化硫经过氧化形成硫酸，随自然界的降水下落形成的。酸雨能使大片森林和农作物毁坏，能使纸制品、纺织品、皮革制品等腐蚀破碎，能使金属的防锈涂料变质而降低保护作用，还会腐蚀、污染建筑物。

（4）增高大气温度。在大工业城市上空，由于大量废热排放到空中，近地面空气的温度比周围要高一些。这种现象在气象学中称作“热岛效应”。

（5）二氧化碳与温室效应。少量二氧化碳对人和动植物没有大的危害，但当二氧化碳的量达到一定程度时，就会产生危害，同时其也是温室气体的主要成分。所谓温室效应，就是指太阳产生短波辐射透过大气射入地面，但当地面增暖后太阳放出的长波辐射却被大气中的二氧化碳等物质吸收，从而产生大气变暖的效应。大气中的二氧化碳就像一层厚厚的玻璃，使地球变成了一个温室。除二氧化碳外，对温室效应有重要影响的气体还有甲烷、臭氧、氯氟烃以及水汽等。近年来，人们逐渐注意到大气污染对全球气候变化的影响问题。经过研究，专家认为，在有可能引起气候变化的各种大气污染物质中，二氧化碳具有重大的作用。从地球上无数烟囱和其他种种废气管道排放到大气中的二氧化碳，约有 50% 留在大气中。如果大气中二氧化碳的含量增加 25%，近地面温度可以增高 0.5 ～ 2 摄氏度，如果增加 100%，近地面温度可以增高 1.5 ～ 6 摄氏度。有的专家认为，大气中的二氧化碳含量按照现在的速度增加下去，若干年后会使得南北极的冰融化，导致全球的气候异常。

相关科学家发表的一项研究表明，在 21 世纪，全球的平均气温将升高 1.4 ～ 5.8 摄氏度。温室效应越来越被人们所认识，全球变暖也愈来愈被人们所感觉到。全球变暖使动植物面临生存危机。世界自然保护基金会曾发表报告称，如果全球变暖的趋势得不到有效遏制，预计到 2100 年，全世界将有 1/3 的动植物栖息地发生根本性的改变，这将导致大量物种因不能适应新的生存环境而灭绝。

全球气候变暖对人类健康具有直接或间接的影响。对地球升温最为敏感的是一些居住在中纬度地区的人民，暑热天数延长以及高温高湿天气直接威胁着他们的健康。与此同时，气温升高又给许多病菌的繁殖、传播提供了更为适宜的条件。不但温室气体的排放是地球升温的最主要因素，而且以温室气体中的氟氯烃为主的气体对臭氧层有较大的破坏性，这就导致阳光中紫外线辐射会增加，有可能提高皮肤癌、白内障和雪盲症的发病率。世界卫生组织曾在一份预测中指出："非黑色素瘤皮肤癌的发病率在 2050 年后可增加 6% ～ 35%，其中南半球的发病率要更高一些，因为那里总的臭氧消耗量更大。"

第三节　城市生态环境其他污染

一、噪声污染

环境噪声污染是指某一地区产生的环境噪声超过国家规定的环境噪声排放标准，并干扰他人正常生活、工作和学习的现象。环境噪声污染是一种能量污染，与其他工业污染一样，是人类环境的公害。

噪声污染有其自身的特点：噪声是暂时性的，噪声源停止发声，噪声便会消失；环境噪声源的分布是分散性的，噪声影响的范围是局限性的。

根据环境噪声排放标准规定的数值，噪声可分为"环境噪声"与"环境噪声污染"。在排放标准数值以内的称为"环境噪声"，超过排放标准数值并对他人产生干扰现象的称为“环境噪声污染”。

（一）城市室内噪声的主要来源

1. 交通运输噪声

城市交通业日趋发达，虽然给人们工作和生活带来了便捷和舒适，同时也促进了经济的发展。但是不能不看到，随着城乡车辆的增加以及公路和铁路交通干线的增多，火车和机动车辆产生的噪声已成为交通噪声的元凶，占城市噪声的75%。据统计，北京是世界有名的噪声污染城市，虽然其城市车辆不及日本的1/10，但是噪声程度却比日本高出1倍，特别是一些临街的建筑受噪声影响极大。

2. 工业机械噪声

这也是室内噪声污染的主要来源。各种机器在运行时发生的撞击、摩擦、喷射以及振动，可产生七八十分贝以上的声响。这些声响，在纺织车间、锻压车间、粉碎车间和钢厂、水泥厂、气泵房、水泵房等地都比较严重，虽然这些地方都做了一定程度的降噪处理，但是仍然不能从根本上消除机器本身所产生的噪声。

3. 城市建筑噪声

近年来城市建设迅速发展，道路建设、基础设施建设、城市建筑开发、旧城区改造，还有居民家庭的室内装修等，都产生了城市建筑噪声，建筑施工现场的噪声一般在90分贝以上，最高达到130分贝。

4. 社会生活和公共场所噪声

公共场所如餐厅、公共汽车、旅客列车都会产生噪音。据统计，社会生活和公共场所产生的噪声占城市噪声的14.4%。

5. 家用电器

随着人们生活日益现代化，家用电器的噪声对人们的危害越来越大。据检测，家庭中电视机、收录机所产生的噪音可达60～80分贝，洗衣机为42～70分贝，电冰箱为34～50分贝。近几年，家庭音响广泛流行，有些人不顾他人的感受，沉醉于自我享受之中，这无形中又增加了噪声的污染强度。

（二）噪声污染的主要特点

（1）噪声污染属于感觉性公害，与人们的生活状态、主观意愿有关。

（2）噪声污染是一种能量流污染。声波的传播过程是声能量传播的过程，因为声能量随距离逐步衰减，所以其影响范围有限。

（3）噪声源广泛而分散，因此噪声污染不能像污水、固体废物那样集中处理。

（4）噪声源一旦停止发声，噪声即会消失，噪声污染不再持续，但噪声产生的伤害不一定能消除，如突发性噪声造成的突发性耳聋。

（三）噪声污染的危害

随着工业生产、交通运输、城市建筑的发展以及人口密度的增加，家用电器（音响、空调、电视机等）的增多，环境噪声日益严重。噪声具有局部性、暂时性和多发性的特点。噪声不仅会影响听力，还会对人的心血管系统、神经系统、内分泌系统产生不利影响，所以有人称噪声为“致人死亡的慢性毒药”。噪声给人带来生理上和心理上的危害主要有以下几方面：

1. 干扰休息和睡眠、影响工作效率

（1）干扰休息和睡眠。休息和睡眠是人们消除疲劳、恢复体力和维持健康的必要途径。噪声会使人不得安宁，难以休息和入睡。当人难以入睡时，便会心态紧张，呼吸急促，脉搏跳动加剧，大脑兴奋不止，第二天就会感到疲倦或四肢无力。久而久之，人就会得神经衰弱症，表现为失眠、耳鸣、易疲劳。当人进入睡眠之后，即使是程度较轻的 40 ～ 50 分贝的噪声干扰，也会使人从熟睡状态变成半熟睡状态。当人处于熟睡状态时，大脑活动是缓慢而有规律的，能够得到充分的休息；而当人处于半熟睡状态时，大脑仍处于紧张、活跃的状态，就会使人得不到充分的休息和体力的恢复。

（2）使工作效率降低。研究发现，噪声超过 85 分贝，会使人感到心烦意乱，从而无法专心地工作，结果会导致工作效率降低。

2. 损伤听觉、视觉器官

（1）噪声对听觉的损害。我们都有这样的经历：从飞机里下来或从工厂车间出来，耳朵总是嗡嗡作响，甚至听不清别人说话的声音，过一会儿才会恢复。这种现象叫作听觉疲劳，是人体听觉器官对外界环境影响做出的一种保护性反应。如果人长时间遭受强烈噪声刺激，听力就会减弱，进而导致听觉器官产成器质性损伤，造成听力下降。强烈的噪声还可以引起耳部的不适，如耳鸣、耳痛、听力损伤等。据测定，超过 115 分贝的噪声会造成耳聋。据临床医学统计，若人在 80 分贝以上噪音环境中长期生活，造成耳聋的可能性可达 50%。医学专家研究认为，家庭噪音是造成儿童聋哑的因素之一。噪声对儿童身心健康危害更大。儿童发育尚未成熟，各组织器官十分娇嫩和脆弱，无论是

尚未出生的胎儿还是刚出生的婴儿，噪声均可损伤其听觉器官，使听力减退或丧失。据统计，当今世界上有 7 000 多万听力残障人士，其中相当一部分人是由噪声所致的。相关研究已经证明，家庭室内噪音是儿童聋哑的主要原因。若儿童在 85 分贝以上的噪声环境中长期生活，耳聋的可能性可达 5%。

（2）噪声对视力的损害。人们只知道噪声影响听力，其实噪声还会影响视力。实验表明：当噪声强度达到 90 分贝时，人的视觉细胞敏感性下降，识别弱光反应时间会延长；当噪声达到 95 分贝时，有 40% 的人瞳孔会放大，产生视觉模糊；而当噪声达到 115 分贝时，多数人的眼球对光亮度的适应都有不同程度的减弱。所以长时间处于噪声环境中的人很容易产生眼疲劳、眼痛、眼花和视物流泪等视力损伤现象。不仅如此，噪声还会使色觉、视野发生异常。调查发现，噪声会使人对红、蓝、白三色的视野缩小 80%。

3. 对人体的生理影响

（1）噪声是一种恶性刺激物，长期作用于人的中枢神经系统，可使大脑皮质的兴奋和抑制失调，条件反射异常，使人出现头晕、头痛、耳鸣、多梦、失眠、心慌、记忆力减退、注意力不集中等症状，严重者还会产生精神错乱。噪声可引起人体自主神经系统功能紊乱，表现为血压升高或降低，心率改变，心脏病加剧。噪声还会使人的唾液、胃液分泌减少，胃酸降低，胃蠕动减弱，食欲不振，引起胃溃疡等疾病。噪声对人的内分泌功能也会产生影响，如导致女性月经失调、流产率增加。噪声对儿童的智力发育也有不利影响。据调查，3 岁以下儿童长期生活在 75 分贝的噪声环境里，心脑功能发育会受到不同程度的损害。在噪声环境下生活的儿童，智力发育水平要比正常条件下的儿童低 20%。此外，噪声还对动物、建筑物有损害，在噪声下的植物也生长不好，有的甚至会死亡。

（2）损害心血管。噪声是引发心血管疾病的危险因子。噪声会加速心脏衰老，提高心肌梗死发病率。医学专家经人体和动物实验证明，长期接触噪声可使体内肾上腺素分泌增加，从而使血压上升，在平均 70 分贝的噪声中长期生活的人，其心肌梗死发病率可升高 30% 左右，特别是夜间噪音会使发病率更高。调查发现，生活在高速公路旁的居民，其心肌梗死发病率升高了 30% 左右。通过调查 1 101 名纺织女工发现，其高血压发病率为 7.2%；接触强度达 100 分贝噪声者，其高血压发病率达 15.2%。

二、光污染

（一）光污染概述

光污染是继废气、废水、废渣和噪声等污染之后的一种新的环境污染源，主要包括炫光污染、白亮污染、人工白昼污染、彩光污染、激光污染、红外线污染、紫外线污染等。光污染正在威胁着人们的健康。

在日常生活中，人们常见的光污染的状况多为由镜面建筑反光所带来的眩晕感，以及夜晚灯光的不合理使用给人体造成的不适感。

光污染问题最早于20世纪30年代由国际天文界提出，他们认为光污染是城市室外照明使天空发亮对天文观测造成的负面影响。后来英美等国家称之为“干扰光”，日本则称其为“光害”。

（二）光污染的类型

1. 炫光污染

这种耀目光源不但在马路上常见，而且在一些工矿企业也常常会看到，如在烧熔、冶炼以及焊接过程中，机械产生的极强的光线就是有害的光污染。可见光污染中危险性较大的是核武器爆炸时产生的强光，它可使大范围内人的眼睛受到伤害。长期从事电焊、冶炼和熔化玻璃等工作的工人，如果不采取适当的防护措施，其眼睛都会受到伤害，眼睛里出现盲斑，到年老时，容易患白内障，这是强光伤害眼睛晶状体的后果。

2. 白亮污染

当太阳光照射强烈时，城市里建筑物的玻璃幕墙、釉面砖墙、磨光大理石和各种涂料等装饰的反射光线，明晃白亮、炫眼夺目。例如，闹市中的商场、公司、写字楼、饭店、宾馆、酒楼、发廊大都采用大块的镜面玻璃、不锈钢板及铝合金门窗进行装饰，有的甚至从楼顶到底层全部用镜面玻璃装饰，使人仿佛置身于镜子的世界，方向难辨，容易发生意外。长时间在白色光亮污染环境中工作和生活的人，其视网膜和虹膜都会受到不同程度的损害，视力急剧下降，白内障的发病率达45%。此外，还会产生头昏心烦、失眠、食欲下降、情绪低落、身体乏力等类似神经衰弱的症状。

3. 人工白昼污染

夜幕降临后，商场、酒店上的广告灯、霓虹灯闪烁夺目，令人眼花缭乱。有些强光束甚至直冲云霄，使得夜晚如同白天一样，这种现象称为人工白昼。

在这样的“不夜城”里，人在夜晚难以入睡，会扰乱人体正常的生物钟，导致白天工作效率低下，出现头昏、头痛、精神紧张、注意力涣散、烦躁心悸、失眠多梦、食欲不振、倦怠乏力等不适感，还会诱发光敏皮炎，损害人的眼角膜和虹膜，引起视力下降。此外，人工白昼还会伤害鸟类和昆虫，如强光可能会破坏昆虫在夜间的正常繁殖过程。

4. 彩光污染

一些娱乐场所安装的黑光灯、旋转灯、荧光灯以及其他闪烁的彩色光源构成了彩光污染。据测定，黑光灯所产生的紫外线强度远远高于太阳光中的紫外线，对人体有害，且影响持续时间长。人如果长期接受这种光线的照射，可诱发流鼻血、上齿脱落、白内障，甚至导致白血病和其他癌变。彩色光源让人眼花缭乱，不仅对眼睛不利，还会干扰大脑中枢神经，使人出现头晕目眩、恶心呕吐、失眠等症状。科学家最新研究表明，彩光污染不仅有损人的生理功能，还会影响人的心理健康。“光谱光色度效应”测定显示，如以白色光的心理影响为100，则蓝色光为152，紫色光为155，红色光为158，黑色光最高为187。

5. 激光污染

激光是由激光器发出的一种特殊光，一般而言，其颜色单一、光束笔直、强度极大。由于激光的能量集中，亮度很高，其比别的光线产生的伤害更大。如果激光的能量连续不断地发出，最大功率可达几万千瓦，瞬间功率可达上万亿千瓦，几秒钟内即可把一块厚厚的钢板打穿，因此激光又被称为“死光”。激光光束穿过空气时使许多物质（如尘土）气化，造成大气污染。

6. 红外线污染

红外线在军事、人造卫星以及工业、农业、卫生科研等方面有着广泛的应用，其产生的污染也是不可忽视的。红外线是一种不可见光线，其主要作用是热作用。较强的红外线照射人体，可对人体造成皮肤伤害，出现与烫伤相似的皮肤烧伤。红外线同样对人的眼睛有伤害，它能伤害视网膜，也可能造成角膜灼伤和虹膜伤害。

7. 紫外线污染

紫外线也是一种不可见光线，它在生产、国防和医学上都有广泛的应用，同样也会对人体造成伤害，主要是伤害人的眼睛和皮肤。长期过量照射紫外线，会使眼睛角膜受伤害，还会使皮肤出现光照性皮炎，严重时，还会使皮肤脱落、坏死，甚至引起皮肤癌变。

三、辐射污染

辐射污染包括放射性污染和电磁波污染。放射性污染是指人类活动造成物料、人体、场所、环境介质表面或者内部出现超过国家标准的放射性物质或者射线。城市中密集的无线电广播、电视信号发射、微波通信等都会产生电磁波污染。

（一）放射性污染的危害

放射性物质对生物的危害是十分严重的。放射性损伤分为急性损伤和慢性损伤。如果人在短时间内受到大剂量的X射线、γ射线等的全身照射，就会产生急性损伤。轻者有脱毛、感染等症状，严重时，人会出现腹泻、呕吐等肠胃损伤。在极高强度照射下，会发生中枢神经损伤直至死亡。

放射性污染对环境也会造成破坏性危害。通过食物链的传递作用，许多污染物，尤其是半衰期长的放射性元素，性质稳定且能在自然界中长期存在，将会对生态系统造成危害。即使原始污染域污染物的浓度很低，不足以伤害生物，但经过富集浓缩之后也可积累到足以伤害生物的程度。此外，放射性元素可以产生远距离污染。放射性物质在一次爆炸后，产生的粒子被顺风而下的云所携带并扩散，除任何居住在被污染地区的人们将被灰尘辐射，食用的食物和水受到污染外，受污染的灰尘还将被风、运动的车辆及其他动物带远，加大辐射量。因为现在还没有有效清除建筑物残留放射性的方法，所以清理被污染的地区非常困难。一些放射性物质，如铯，容易粘在沥青、混凝土和玻璃上，它们可能残留在建筑物的水泥或街道的缝隙中，以致冲洗建筑表面或降雨都不能净化建筑物。即使这些物质能够被水带走，也能产生大量的有毒废水。一些放射物还可能会紧密地附着在城市的泥土里，能够处理的唯一途径就是大规模迁移受到污染的表层泥土。

放射性污染主要来源有以下几种：

1. 核武器试验的沉降物

在大气层进行核试验的情况下，核弹爆炸的瞬间，由炽热蒸汽和气体形成的蘑菇云携带着弹壳碎片、地面物和放射性烟云上升，与空气混合的过程中，其辐射热逐渐损失，温度逐渐降低，于是气态物能够凝聚成微粒或附着在其他的尘粒上，最后沉降到地面。

2. 核燃料循环的“三废”排放

原子能工业中核燃料的产生、使用与回收、核燃料循环的各个阶段均会产生“三废”，能对周围环境产生一定程度的污染。

3. 医疗照射引起的放射性污染

由于辐射在医学上的广泛应用，目前使用的医用射线源成为主要的人工污染源。

4. 其他各方面来源的放射性污染

其他方面的辐射污染来源可归纳为两类：

（1）工业、医疗、军队、核潜艇，或研究用的放射源，因运输事故、遗失、偷窃、误用，以及废物处理等失去控制而对居民造成高强度照射或污染环境。

（2）一般居民消费用品，主要指含有天然或人工放射性核素的产品，如放射性发光表盘、夜光表以及彩色电视机产生的照射，其虽对环境造成的污染很弱，但也有研究的必要。

（二）电磁辐射的危害

电磁辐射指由同向振荡且互相垂直的电场与磁场在空间中以波的形式传递动量和能量，其传播方向垂直于电场与磁场构成的平面。电场与磁场的交互变化产生电磁波，电磁波向空中发射或传播形成电磁辐射。电磁辐射是由空间共同移送的电能量和磁能量所组成的，而该能量是由电荷移动所产生的。例如，正在发射讯号的射频天线所发出的移动电荷便会产生电磁能量。

电磁“频谱”包括形形色色的电磁辐射，从极低频的电磁辐射至极高频的电磁辐射，两者之间还有无线电波、微波、红外线、可见光和紫外光等。电磁频谱中射频部分的一般定义，是指频率由 3 千赫兹至 300 吉赫兹的辐射。有些电磁辐射对人体有一定的影响。

随着世界电子技术的高度发达，各式各样的电磁波充满人类的生存空间，如微波炉、电脑、手机的广泛应用，对环境造成严重的电磁辐射污染，影响着人类的健康。

影响人类生活环境的电磁辐射根据其污染源大致可分为两大类：天然电磁辐射污染源和人为电磁辐射污染源。

1. 天然电磁辐射污染源

天然电磁辐射污染来自地球热辐射、太阳热辐射、宇宙射线、雷电等，是由自然界中某些自然现象引起的。在天然电磁辐射中，雷电所产生的电磁辐射最突出。自然界发生某些变化，常常在大气层中引起电荷的电离，发生电荷的蓄积，当其蓄积到一定程度时，就会引起火花放电。火花放电的频率极宽，可从几千赫兹到几百兆赫兹，因此能够造成的辐射污染也较严重。另外，如火山爆发、地震和太阳黑子活动也都会产生电磁干扰，天然的电磁辐射对短波通信的干扰特别严重，这也是电磁辐射污染源之一。

2. 人为电磁辐射污染源

越来越多的电子、电气设备的使用使得各种频率、不同能量的电磁波充斥着地球的每一个角落乃至更加广阔的宇宙空间。人为电磁辐射来源于人工制造的若干系统，在正常工作时，会产生各种不同波长和频率的电磁波。其中对环境影响较大的包括电力系统、移动通信系统、广播电视发射系统、交通运输系统、工业与医疗科研高频设备等。

（1）电力系统。经济的发展促使各种用电设备日益增多，导致用电负荷急剧增大，电网规模快速膨胀，高压输电线路和变电站日益增多。由高压、超高压输配电线路、变电站和电力变压器等产生的交变磁场，在近区场会产生严重的电磁辐射污染。

（2）移动通信系统。移动通信基站是主要的电磁辐射源。随着电信事业的飞速发展，移动基站的数量不断增加，为防止干扰，基站高度逐渐下降，发射的电磁波反射到居民楼的概率也不断增大，基站和基站之间的距离逐渐减小，分布日渐广泛，造成电磁辐射水平不断增加。

（3）广播电视发射系统。广播电视发射塔是城市中最大的电磁辐射源，这些设备大多建在城市的中心地区，很多广播电视发射设备被居民区包围，导致其在局部居民生活区形成了强场区，造成辐射污染。

（4）交通运输系统。交通运输包括有轨、无轨电车、铁路、汽车、地铁等。这种辐射源主要以传导、感应、辐射等形式产生电磁辐射，如汽车发动机的点火系统会产生很强的宽带电磁噪声。

（5）工业与医疗科技高频设备。工业与医疗科研高频设备产生的强辐射对环境及人体健康都会产生不良影响。

电磁辐射是心血管疾病、糖尿病、癌突变的主要诱因。当人们的心血管系统受到影响时，通常表现为心悸、失眠、部分女性经期紊乱、心动过缓、心搏血量减少、窦性心律不齐、白细胞减少、免疫功能下降等症状。如果装有心脏起搏器的病人处于高电磁辐射的环境中，会影响心脏起搏器的正常使用。电磁辐射污染还会影响人体的循环系统、免疫、生殖和代谢功能，严重的会诱发癌症，并会加速人体癌细胞的增殖。

电磁辐射能对人体神经系统造成直接伤害。人的头部长期受电磁辐射影响后，轻则引起失眠多梦、头痛头昏、疲劳无力、记忆力减退、易怒、抑郁等神经衰弱症，重则使大脑皮质细胞的活动能力减弱，并造成脑部损伤。

电磁辐射是孕妇流产、不育、畸胎等病变的诱发因素。电磁辐射对人体的危害是多方面的，女性和胎儿尤其容易受到伤害。调查表明：1～3个月为胚胎期，孕妇受到强电磁辐射可能造成胎儿肢体缺陷或畸形；4～5个月为胎儿成长期，孕妇受电磁辐射可导致胎儿免疫功能低下，出生后身体弱，抵抗力差。

过量的电磁辐射直接影响儿童组织发育、骨骼发育、视力下降，肝脏造血功能下降，严重的可导致其视网膜脱落。此外，它极有可能是儿童患白血病的原因之一。医学研究证明，人如果长期处于高电磁辐射的环境中，其血液、淋巴液和细胞原生质会发生改变。

高剂量的电磁辐射还会影响及破坏人体原有的生物电流和生物磁场。值得注意的是，不同的人或同一个人在不同年龄阶段对电磁辐射的承受能力是不一样的，老人、儿童、孕妇属于电磁辐射的敏感人群。

四、固体废物污染

固体废物按来源大致可分为工业固体废物、城市生活垃圾和危险固体废物三种。此外，还有农业固体废物、建筑废料及弃土。固体废物如不加以妥善收集、利用和处置，将会污染大气、水体和土壤，危害人体健康。

（1）工业固体废物。工业固体废物是指在工业、交通等生产活动中产生的固体废物，如钢渣、锅炉渣、粉煤灰、煤矸石、工业粉尘，其对人体健康或环境有危害，但危害性较小。

（2）城市生活垃圾。城市生活垃圾是指在城市日常生活中或者为城市日常生活提供服务的活动中产生的固体废物，包括：有机类，如瓜果皮、剩菜剩饭；无机类，如废纸、饮料罐、废金属；有害类，如废电池、荧光灯管、过期药品。这些多少都会造成环境污染。

（3）危险固体废物。危险废物是指列入国家危险废物名录或者根据国家规定的危险废物鉴别标准和鉴别方法认定的具有危险特性的固体废物，其具有毒性、腐蚀性、反应性、易燃性、放射性等特性。从危险废物的特性看，它对人体健康和环境保护潜伏着巨大危害，如引起或助长死亡率增高，或使严重疾病的发病率增高，或在管理不当时会给人类健康或环境造成重大急性（即时）或潜在危害。

固体废物污染的危害主要表现在以下几方面：

（1）对土壤的危害。固体废物如果长期露天堆放，其有害成分就会在地表径流和雨水的淋溶、渗透作用下通过土壤孔隙向四周和更深处的土壤迁移。在迁移过程中，有害成分要经受土壤的吸附和其他作用。通常，由于土壤的吸附能力和吸附容量很大，随着渗滤水的迁移，有害成分在土壤固相中会呈现不同程度的积累，导致土壤成分和结构的改变，而植物又是生长在土壤中的，因此其间接对植物产生了污染，造成有些土地甚至无法耕种的后果。例如，德国某冶金厂附近的土壤被有色冶炼废渣污染，土壤上生长的植物内含锌量为一般植物的 26 ～ 80 倍，含铅量为一般植物的 80 ～ 260 倍，含铜量为一般植物的 30 ～ 50 倍，人如果吃了这样的植物，就会产生许多疾病。

（2）对大气的危害。废物中的细粒、粉末随风扬散，如果在废物运输及处理过程中缺少相应的防护和净化设施，其就会释放有害气体和粉尘。堆放和填埋的废物以及渗入土壤的废物，经挥发和反应放出有害气体，都会污染大气，使大气质量下降。工厂的焚烧炉在运行时会排放颗粒物、酸性气体、未燃尽的废物、重金属与微量有机化合物等。石油化工厂油渣露天堆置，则会生成一定数量的多环芳烃挥发进入大气中。填埋在地下的有机废物分解会产生二氧化碳、甲烷等气体进入大气中，如果任其聚集，会发生危险，如引发火灾，甚至发生爆炸。

（3）对水体的危害。如果将有害废物直接排入江、河、湖、海等水系中，或者露天堆放的废物由地表径流携带进入水体，又或者飘入空中的细小颗粒通过降雨的冲洗沉积和凝雨沉积以及重力沉降等落入地表水系，水体都可溶解出有害成分，造成水体严重缺氧或富营养化，导致鱼类死亡等。

此外，倾入海洋里的塑料对海洋环境危害很大，因为它对海洋生物而言是极为有害的物质。海洋哺乳动物、鱼、海鸟以及海龟都会受到被废弃渔网缠绕的威胁。

（4）对人体的危害。环境中的有害废物可直接由呼吸道、消化道或皮肤摄入人体，使人致病。一个典型例子就是美国的腊芙运河污染事件。20 世纪 40 年代，美国一家化学公司利用腊芙运河废弃的河谷填埋生产有机氯农药、塑料等残余有害废物，共计 2 万吨。掩埋 10 余年后，该地区陆续发生了一些如井水变臭、婴儿畸形、人患怪病之类的现象。经化验研究分析，当地空气、用作水源的地下水和土壤中含有六六六、三氯苯、三氯乙烯、二氯苯酚等 82 种有毒化学物质，其中列在美国环保局优先污染清单上的就有 27 种，被怀疑属于致癌物质的多达 11 种。这对当地造成了极大的危害。

第三章　城市生态环境评价与规划

第一节　城市生态环境评价类型与方法

城市生态环境评价是采用一定的评价标准和方法对一个区域范围内生态环境的质量好坏、演变趋势、风险等级等进行综合测定，并衡量人类行动对生态环境影响的工作过程。因为生态环境系统复杂，所以从广义上来说，生态环境评价是对城市生态环境的结构、状态、质量、功能、风险的现状进行分析，对其可能发生的变化进行预测，对其与社会经济发展活动的协调性进行定性或定量的评价。为方便研究，通常要对城市生态环境评价进行分类，目前主要从时间、要素、定义等角度进行分类。

一、按时间分类

（一）城市生态环境回顾评价

城市生态环境回顾评价是指根据历史资料，对城市过去一定历史时期的生态环境质量状况进行回顾性的评价。这种评价可以揭示出城市发展过程中生态环境各要素的发展变化过程。这种评价需要积累较长时期的历史资料，一般多在科研监测工作基础比较好的大中城市进行。

（二）城市生态环境现状评价

城市生态环境现状评价是我国各地普遍开展的一种评价形式，它一般借助城市近三五年的生态环境监测、生态环境背景调查以及污染源调查资料，对整个城市或其中的某一区域内由人类活动造成的生态环境质量变化进行评价，揭示人类近期已经实施和当前正在实施的行为对城市生态环境造成的影响。城市生态环境现状评价应对城市自然本底、功能本底以及大气、土壤、水体、噪声等要素本底的状况进行全面的调查，掌握城市生态环境的基本特征以及不同功能区环境质量现状和污染物分布情况，并做出相应的定性、定量生态评价，寻找影响城市生态环境质量的主要污染物、污染源，评估城市生态环境现状对人类各种经济活动、生活活动的影响程度或潜在影响，从而直观地反映一座城市的性质、地位、功能和作用及其人口、资源、环境的优劣态势等。城市生态环境现状评价既有现状评价的意味，又包含一定成分的回顾评价。

（三）城市生态环境影响评价

城市生态环境影响评价又称预测评价，是指对城市发展或开发活动（如土地利用方式的改变）中拟建的项目，区域开发计划，国家政策实施后可能对城市生态环境产生的物理性、化学性或生物性的作用及其造成的城市生态环境变化和对人类健康及福祉的影响，进行系统性识别、预测和评估，提出预防或减少不良生态环境影响的措施，并制定相关制度进行跟踪检测，从而促进人类行为和生态环境之间的协调发展。其中，对公共政策或区域规划进行生态环境影响评价，又可称为战略环境影响评价。

（四）城市生态环境风险评价

生态环境风险是当前社会经济高速发展所带来的普遍问题。对经济发展导致的生态环境退化问题进行科学评价是可持续发展的核心内容之一。生态环境风险是指在一个特定的生态系统中，能够导致不良生态影响发生或者再发生的概率及其严重后果（损失）的一个或多个生态因子。广义上的城市生态环境风险评价是指对某建设项目的兴建、运转，或者区域开发行为引发或面临的灾害（包括自然灾害）对人体健康、社会经济发展、城市生态环境系统等所带来的风险或可能造成的损失进行评估，并以此进行风险管理和决策的过程；狭义的城市生态环境风险评价是指对有毒有害物质危害人体健康以及破坏生态系统的程度进行概率估计，并提出降低生态环境风险的方案和决策。

二、按要素分类

（一）城市生态环境的单要素评价

城市生态环境是一个多目标、多功能、多层次的综合的自然人工复合系统，包含物理、生物、城市设施等多个子系统。单要素评价指对能够反映城市生态环境特点的众多要素分别进行评价，如城市空气质量评价、水环境质量评价、土壤环境质量评价或针对某种污染物进行的单项评价。

（二）城市生态环境的综合评价

城市生态环境是由多种生态环境要素相互作用、相互影响、相互联系、相互制约而形成的一个整体，人们的生产、生活活动和健康都会受到这些要素的综合影响。综合评价是指对某城市的整体生态环境质量进行评价，它通常在单要素评价的基础上，通过分析各单要素对整体生态环境质量的贡献率而获取该城市生态环境状况的总体发展水平。

三、按定义分类

城市生态环境系统是城市居民与周围生物、非生物环境相互作用而形成的具有一定功能的网络结构，也是人类在改造和适应自然环境的基础上建立起来的一种特殊的人工生态系统，它由自然系统、经济系统、社会系统组成。相应地，城市生态环境评价也可以分为自然生态环境评价、经济生态环境评价以及社会生态环境评价。我们常说的城市生态环境评价主要是通过回顾评价、现状评价、影响评价的形式，对空气、水体、土壤、噪声等城市生态环境要素所做的评价。

第二节 城市生态环境评价

一、生态环境评价研究综述

20世纪以来，随着世界经济的不断发展，人们对未来的生态环境也产生了一定的焦虑，究其原因，就是城市化的迅速推进导致城市现存的生态环境承载力遭遇挑战，生态环境恶化问题日益凸显。因此，国内外学者在生态环境方面开始了一系列的研究。国外对生态环境评价的研究最早出现在20世纪60年代，70年代得到了迅速发展。1962年，《寂静的春天》一书出版，书中，作者蕾切尔·卡森通过描述环境污染导致的生态危害，给人类敲响了强有力的警钟。1972年，《增长的极限》的发表再次使人类警觉到保护生态环境的重要性。1991年，美国经济学家首度揭示了经济发展与环境污染呈现倒U型曲线的关系，也就是“环境库兹涅茨曲线”，使得生态环境质量研究进入了全新的阶段。中华人民共和国成立初期，工作重心放在了经济建设上，而对生态环境不够重视，因此我国生态环境方面的研究较为落后。1973年，我国正式加入联合国教科文组织的“人与生物圈计划”，并于1978年在中国科学院建立中国人与生物圈国家委员会，开启了中国的生态环境研究之路。1994年，我国开始实施《环境影响评价技术导则 总纲》，它成为影响生态环境评价的指导性文件。1998年，《城市生态与城市环境》出版，该书成为以生态环境评价为基础指导城市规划、建设与管理的标志性著作。总之，在21世纪以前，与国外相比，我国生态环境研究工作或“摸石头过河”，或“慢车道行驶前进”。但进入21世纪以后，我国取得了大量生态环境评价研究成果。

综合分析21世纪以来国内外生态环境评价研究成果发现，这些研究主要集中在生态环境评价对象的差异、评价方法与技术手段的探索、不同区域的评价及扩展性评价研究四个层面。

在生态环境评价对象层面，学者们从水环境、土壤环境、大气环境等方面展开研究。刘秀丽通过对京津冀地区水环境安全进行评价，指出森林覆盖率是制约水环境安全的主要因素，并提出了保障水环境安全的有效措施，以矿区水环境质量为评价对象，建议政府紧急应对采金活动带来的负面影响，维持生态系统可持续发展。在土壤环境研究方面，基姆建立了一套基于物理、化学、生物和生态毒理指标对土壤质量进行定量评价的系统方法，使土壤质量恶化问题引起了人们的警觉。佟瑞鹏定量评估了土壤中多环芳烃对居民的健康风险，指导区域健康风险管理。在大气环境评价方面，成果则更加丰富，如对PM2.5、PM10、二氧化硫、二氧化氮的污染特征及动态演变特征进行评价研究。

在评价方法层面，主要从构建指标方法和评价计算方法两个方面展开。常用的指标构建方法有以下几种：压力－状态－响应（PSR）、驱动力－状态－响应（DSR）、驱动力－压力－状态－影响－响应（DPSIR）、驱动力－压力－状态－影响－响应－管理（DPSRM）等；常用的评价计算方法有以下几种：熊鸿斌将综合指数法应用于环巢湖旅游大道生态环境的现状评价，在构建评价指标体系的基础上，采用基于熵权法的BP神经网络方法对京津冀城市群生态质量进行测度与分类；武春友采用TOPSIS法衡量并评价区域绿色增长现状。随着生态环境质量评价计算日趋成熟，其他相关领域的研究技术逐步纳入生态环境评价研究。例如，彭宗波以遥感和GIS为技术支撑，对海南中部山区生态环境质量状况、变化趋势及演变特征做了客观评价。

因为生态环境质量存在区域差异性，所以学者们针对生态环境评价研究的区域也有所不同。雷波以三峡的重要组成部分——重庆市为研究区域，剖析了城市生态环境存在的问题及根源；卿青平以30个省域为例，发现生态环境质量存在显著的省域差距，特别是京津冀地区和长三角地区；孙元敏结合海洋生态环境调查数据，选取南海北部10个海岛周边海域进行研究，为海域生态环境治理提供了参考。

随着生态环境研究的不断深入，学者们对生态环境也做了大量的扩展性研究，如生态环境风险性、脆弱性研究，生态环境耦合、脱钩评价。李芳林选取了长江经济带 93 个城市开展城市生态环境风险评价，并将这些城市划分为热点区域、冷点区域，提高了环境治理效率；另外，通过对煤矿开采引起生态环境脆弱性的评价，将生态脆弱性分类分布与生态功能区和自然保护区结合，对煤矿区域进行了功能性划分，指导煤炭开发过程中的生态保护。崔学刚等以城市群的城市化与生态环境耦合效应为研究目标，建立了时空动态耦合模型，解决了特大城市群的可持续发展问题；李健在梳理经济和资源关系研究的基础上，将脱钩理论应用于京津冀区域资源环境问题研究，因地制宜地制定了生态环境治理政策。

二、城市生态评价指标体系的建立

（一）城市生态评价指标体系构建的必要性

城市生态建设涉及多个方面，包括经济、环境和社会，这三大类下又可以细分出很多方面。如果建立一套科学合理的评价指标体系，就可以有效地评价一个城市的生态建设，这有助于评价不同城市的情况，以此发现各城市生态建设的优点及不足之处。不仅如此，科学的城市生态评价指标体系不但可以对城市生态建议进行评价，而且可以避免城市建设可能会出现的一些问题，如“形象工程”或者投资大、收益小的非必要建设。除此之外，科学的城市生态评价指标体系还可以对城市生态建设起到导向作用。

（二）我国当前城市生态评价指标体系的研究进展

城市生态建设既是顺应城市发展规律的举措，也是经济发展和环境保护协调发展的选择。目前已经有许多文献对我国部分城市的城市生态做出了研究。虽然各评价体系和方法有所差异，但是通过对文献的分析总结仍可以看出我国城市评价研究和城市生态水平的一些特点和建设中存在的问题。

另外，我国的城市生态评价指标体系研究主要集中于一些经济发展好的城市，对于中小城市的生态评价相对较少。在当下和未来很长一段时间内，我国会加快城镇化进程，这会使我国城镇保持高速发展的状态，中小城市的作用也会日益增强。在城镇化发展过程中，我国应注意经济和环境保护协调发展。本书对中小城市的生态进行了有针对性地研究，认为对中小城市的生态评价研究也应以经济、环境和社会协调发展为重点。

（三）城市生态评价指标体系构建的原则

城市生态建设涵盖诸多领域，因为各个城市的自身情况不同，所以要因地制宜，制定合适的建设路径，发展模式和建设重点也应各有侧重。在构建智慧城市生态评价指标体系时，不可能针对每一个城市制定专门的评价体系，那样会缺少横向对比能力。为了保证评价指标体系的普遍适用性，构建城市生态评价指标体系时要遵循以下基本原则：

1. 科学性原则

生态评价指标体系要符合科学性原则，只有这样的评价指标体系才具有较强的权威性，这就要求评价指标体系要符合城市生态建设的内涵和基本原理，还应考虑经济增长和环境保护的协调发展。

2. 可操作性原则

如果构建出来的评价指标体系的可操作性不足，那么在实际使用中就会产生很多不便。可操作性原则要求指标数据方便收集。即使评价指标体系做得再好，如果没有办法收集到数据或者数据收集的难度很大，那么该指标体系也是不实用的。另外，指标数据要方便进行量化处理。将指标结果被量化处理后，可以更准确地描述城市生态建设的实际情况，有助于评价指标体系的使用。

3. 可比性原则

可比性原则要求评价指标体系可以用来进行横向评价和纵向评价。在选用指标时，标准要一致，这样可以确保评价结果能够进行横向和纵向比较。在实际研究过程中，横向评价各城市的所有数据的可获得性不同，在不同城市进行数据搜集过程中，某些数据会出现收集困难或者无法收集的问题，因此需要使用一些方法替代缺失数据或者删除该项指标。

4. 导向性原则

一种评价指标体系的设置不仅要对现有状况进行合理评价，在评价后还要对评价目标的发展起到导向的作用，评价后的结果要能为决策者服务，以制定更为合理的政策法规。城市生态评价指标体系需要体现城市生态建设发展的各个方面，特别是要涵盖经济增长、生态文明和社会发展的内容。

根据以上原则，只有综合考虑城市生态的内涵，结合经济增长和环境保护协调发展的思路，考虑城市生态各方面要求，构建出来的城市生态评价指标体系才可能是科学的，才可能对城市智慧化建设起到评价、指引等作用。

三、城市生态评价指标的选取

（一）评价指标的确定

城市生态评价指标体系用来反映目标的真实情况，其需要寻找一组有代表性的、全面的指标组合，并且可以通过量化后的指标数据来对目标进行定量分析。参考大量城市生态评价指标体系的相关文献后，笔者决定使用频度分析与理论分析相结合的方法，将城市生态建设分为经济、环境、社会三部分来构建适合目前情况的城市生态评价指标体系。

（1）频率统计法。深入研究已有的城市生态评价指标体系的相关文献资料，包括硕士、博士学位论文和期刊论文，对其中使用的指标体系内的指标进行了统计，并制作出频率表，出现频率较高的指标有一定的代表性，故选择那些出现频率较高的指标作为指标体系中的指标。

（2）理论分析法。对城市生态的内涵进行分析，从经济、环境、社会三方面考虑，对频率统计法筛选出来的指标进行分析，舍弃不适用当前情况的指标，并且修改或者添加有所变化的指标内容，从而使指标体系更符合需要。

（二）评价指标体系的分类

从城市生态评价指标体系的相关文献中可以发现，目前对城市生态的评价体系基本上分为两类：一类是将城市生态系统按照生态构成进行分类，把城市生态系统分为自然、社会、经济三个子系统；另一类是将城市视为一个整体，从功能、结构和协调度三方面描述城市生态情况。这两种分类方式的主要区别在于二层和三层指标是从不同角度来设置的。但是，这两种分类的底层指标是类似的，也就是说，二者对基本指标和数据要求是类似的。

考虑到从经济、环境、社会三方面进行分类将有助于更好地分析城市建设的优点和不足之处，所以本书选用城市生态经济、城市生态环境和城市生态社会这三类。城市生态经济要求经济健康发展，经济结构布局合理。经济是城市发展的基础，对城市各方面建设有着推动作用和决定作用，也是城市未来发展的巨大推力；城市生态环境也是城市生态的重要组成部分。人们每天工作和生活在这样的环境中，需要空气质量符合环保要求、城市绿化建设完善、水资源充足且污染能够得到控制、工业废弃物处理率高，保证人们的健康，同时这也是城市发展的需求所在。城市生态指的是居住其中的人使用基础设施的情况，既包括发展的机会、医疗服务和社会保障、教育的质量、交通的使用，也包括能源和消费等。

（三）城市生态评价指标体系指标权重方法的确定

城市生态评价指标体系当中的指标权重是一个相对的概念，它代表了一个指标对整个体系的影响作用。权重越大，表明这个指标对整个指标体系的影响也就越大，那么该指标的数据变化产生的最终结果的变化也就越大。这样，不同的权重分配方式就会直接影响评价结果，所以指标权重的确定对指标体系的作用非常重要。

在城市生态评价指标体系的指标组合确定后，下一步要做的是确定指标的权重。目前，确定指标权重的方法有十几种，大体上可分为主观赋权法和客观赋权法。

1. 主观赋权法

主观赋权法是指专家根据其个人工作经验来确定指标权重。一般是寻找相关领域的专家进行评价，专家根据自己的工作经验和学科知识进行打分，通过统计这些打分结果确定各指标的权重。主观赋权法的优点是通过该相关领域专家打分得到的评价基本与当前情况相符，而且计算过程相对简便。缺点是客观性差，由专家评定的指标权重很容易受个人经验、学科背景和工作经验的影响，导致不同的专家对同一指标会有不同的认识理解，最后的权重的评分不同；而且由于指标权重获得专家支持的渠道不同，可能在操作上有很大的困难。常见的主观赋权法有德尔菲法、层次分析法和调查法等。

2. 客观赋权法

客观赋权法与主观赋权法不同，客观赋权法采用实际数据，根据数据之间的相互关系来确定权重。虽然客观赋权法通过计算各种实际获得的真实数据，也即通过判断数据之间的关系来确定权重，能够有效地避免主观因素对权重的影响。但是其往往只注重数据之间的关系而忽略各指标的现实意义。最常用的客观赋权法有主成分分析法、因子分析法和均方差决策法等。

如果希望在定量分析的时候涉及较少的变量，得到较多的信息量，就需要对这些指标之间的相关关系进行研究。主成分分析法能避免信息重复，筛选出能把握城市生态建设的综合因素。另外，城市生态建设涉及的方面多，涉及的专业知识多，因此减少主观因素影响可以简化操作步骤。在考虑指标权重时，综合这两个特点，一般选择主成分分析法。

第三节　城市生态环境规划的思想与内容

一、城市生态环境规划的指导思想和原则

（一）生态环境规划与城市生态环境规划

目前对于生态环境规划尚没有统一的定义。有人认为它是利用生态学理论而制定的符合生态学要求的土地利用规划；也有人将其定义为生态学的土地利用规划。康慕谊认为，生态环境规划是以社会－经济－自然复合生态系统为对象，应用生态学的原理、方法和系统科学的手段，辨识、模拟和设计人工生态系统内的各种生态关系，探讨改善系统结构和功能的方法，提出合理的区域开发战略以及相应的土地与资源利用、生态建设和环境保护措施，从整体效益上促进人口、经济、资源、环境关系的相互协调，并创造出一个使人类和谐地生活与工作的环境。从这个理解来看，生态环境规划是区域发展规划的一个组成部分，其本质上是一种人类生态规划。

城市生态环境规划是城市规划的一部分，是以生态学的理论为指导，对城市的人口、经济、技术和生态环境进行全面的综合规划，以便充分、有效和科学地利用各种资源及条件，促进城市生态系统的良性循环，使社会经济能持续稳定地发展。

笔者认为，城市生态环境规划的实质是通过调控人与环境的关系，实现并维持城市生态系统的动态平衡和稳定，为城市居民创造健康的生态环境，实现城市人口、经济、环境的和谐与可持续发展。

（二）指导思想

保护和改善城市生态环境，就是要解决人类的生存与可持续发展问题，以实现城市经济与生态环境、生活与生产的协调同步发展。我国地域广阔，城市众多，各个城市的性质和功能有着明显的差异，因而对于各个城市的生态环境规划必须具有指导性。国家、省域、市域、县域和镇域层面的生态环境规划应相互协调，通过对城市性质、格局、规模等进行分析和策划，提出以人工化措施为主体、结合自然恢复的城市生态系统调控体系和措施，营造一个舒适、优美、清洁、安全、高效、和谐的城市环境系统。所以，我国城市生态环境规划

工作应与经济建设、城市建设和环境建设同步规划、同步实施、同步发展，实现经济效益、社会效益和环境效益的统一。

（三）城市生态环境规划的基本原则和依据

1. 城市生态环境规划的原则

城市生态环境规划的对象是城市生态环境系统，它是由自然环境、社会经济和文化科学技术构成的相互作用的复合生态系统。在进行城市生态环境规划时，应遵循以下具体的生态原则和复合系统原则。

（1）自然生态原则。城市的自然要素是城市赖以生存的基础，也是城市发展的限制因素。因此在进行城市生态环境规划时，首先应摸清自然环境的本底状况，如生态环境容量、人口承载力、土壤承载力，其次根据人类活动可能对自然再生能力、稳定性和功能持续性的干扰程度进行预测，最后依据城市发展总目标及战略，在维持生态环境稳定的前提下，制定不同阶段的生态环境规划方案。

（2）经济生态原则。经济是城市发展的物质基础，生态环境规划应体现经济发展的目标要求。城市发展经济目标的实现应以满足环境发展目标为前提，分析物质流、能量流和信息流，在保障生态环境健康发展的前提下，有效地提高各种能量的利用率。

（3）社会生态原则。人是社会的主体，是城市生态环境的主要干扰者和建设者，人的行为、观念及文化等是城市发展的动力，城市的发展受到人的观念等的影响。因此，在进行城市生态环境规划时，应首先考虑公众的利益，并以人类对生态的需求为出发点，寻求可持续发展。

（4）系统原则。城市生态环境系统是一个复合的系统。将一个城市的生态环境作为一个组分，其与其他城市生态环境系统就构成了一个大区域的生态环境系统。因此，在进行城市生态环境规划时，首先要满足单个城市生态环境系统自身的发展要求，同时还要考虑将单个城市生态环境系统作为一个有机体，在整体区域中协调发展。

2. 城市生态环境规划的依据

生态规划是指按生态学原理对某地区的社会、经济、技术和生态环境进行全面综合规划，以便充分、有效和科学地利用各种资源条件，促进生态系统的良性循环，使社会经济得以持续、稳定地发展。城市是区域的中心，是社会经济和环境问题最集中的场所。随着生产的发展和工业的进一步集中以及城市的迅速发展和扩张，许多严峻的问题迫使人们进行思考，设法解决城市无计划发展带来的各种问题。因此，城市生态环境规划便成为当代生态规划的焦点和重心。

城市生态环境规划要求规划者遵循生态系统的客观原则和规律，如生态系统的整体性原则、循环再生原则、区域分异规律、动态发展规律，按照全局观点、长远观点和反馈观点，既要从当前生态情况出发，又要考虑生态系统改变后所产生的各种效应的长远影响。

城市生态环境规划的编制要从实际出发，符合国情、市情，做到切实可行。关键是目标明确，做好费用和效益分析，并结合经济、环境、社会三方面实现最优化的综合效益。城市生态环境规划要保证人类活动的安全、健康、舒适和便捷，使得各种自然灾害得到防治，环境污染得到治理，各种市政公用设施的建设都要使人们的生产和生活更为方便并获取更高的效益，等等。

城市生态环境规划编制的依据有三点：一是城市总体规划和经济社会发展规划；二是本地区的环境状况和环境改善的要求；三是经济技术等的现实条件和发展水平。在规划编制的过程中，要注意信息的反馈，进行必要的调整和修正，使经济效益、社会效益、环境生态效益互相协调，以求得三者综合效益的最优方案。

二、城市生态环境规划编制的内容和程序

（一）城市生态环境规划编制的内容

城市生态环境规划有单项规划和综合规划，其研究内容十分广泛。单项规划主要研究城市适度人口规划、城市土地利用适宜度规划、城市资源利用保护与受害生态系统的恢复与重建规划、城市生物保护规划、城市生态环境污染控制与防治规划、城市生态系统整体优化研究等。它们本身的性质比较单一，但涉及的范围却比较广泛。与传统规划不同，它们最终落到城市的生态经济总效益而不是部门的局部利益上。对一个工程、一个部门、一个社区乃至一个城市的规划，属于综合规划。综合规划涉及社会、经济、自然等多方面因素，人口、资源、环境等诸方面的关系，以及效益、机会、风险等指标的综合评价。城市生态环境规划的基本作用是应用生态控制论原理，统筹和调整资源、人口、环境与发展之间的关系，解决发展与环境之间的矛盾，调整物质、能量流通系统，提高其利用率。由于城市的性质、特点和规划的目标、阶段不同，城

市生态环境规划的技术路线也不可能完全相同。

1. 确定生态环境规划目标

目标的确定是很重要的工作，是编制规划的中心环节。这就需要预测生态环境被干扰和破坏的程度与环境目标之间的差距，并运用费用-效益分析方法，进行正、反方向控制的推断、权衡、优选，从而确定具有经济、社会和环境三大效益的最佳环境生态目标。

2. 掌握城市（区域）的生态环境现状、特征、主要问题和制约因素

调查研究、收集整理和综合分析城市环境的基础资料，包括搜集与使用政府统计资料，分析航空遥感图片，进行民意测验与实验统计，开展污染源、城市质量本底调查和现状评价，从而获得对系统的粗略认识，为做好城市自然环境和自然资源保护规划以及自然灾害防治规划提供科学依据。

3. 进行人口、资源、环境预测

为了使规划有更强的实用性，做好社会、经济和环境预测是很关键的一环。该预测可分为三类：警告性预测、目标预测和规划预测。在目前尚无成熟的预测模式的背景下，可借鉴国外的某些模式或采用类比法，抑或类比与模式相结合的方法。例如，通过人机对话，建立各子系统的预测模型，根据与现实系统的比较结果，结合专家经验反复修改完善。

4. 提出控制污染、改善环境的具体要求、实施方案并采取有效措施

在提出具体要求和措施时，要着眼于区域性综合防治、城市环境等的综合整治。合理、综合利用自然资源、能源，力求经济、社会和环境效益达到统一，并充分发挥环境的自然净化能力以及环境管理的效能。

（二）城市生态环境规划编制的程序

城市生态环境系统主要由自然生态子系统、经济生态子系统、社会生态子系统构成，其规划程序如图 3-1 所示。

在全球一体化背景下，可将城市分为“全球城市”“跨国城市”“国内城市”“跨省城市”“省域城市”“跨市城市”六个等级，制定不同等级的生态环境质量标准，严格按照标准进行城市生态环境的规划编制。

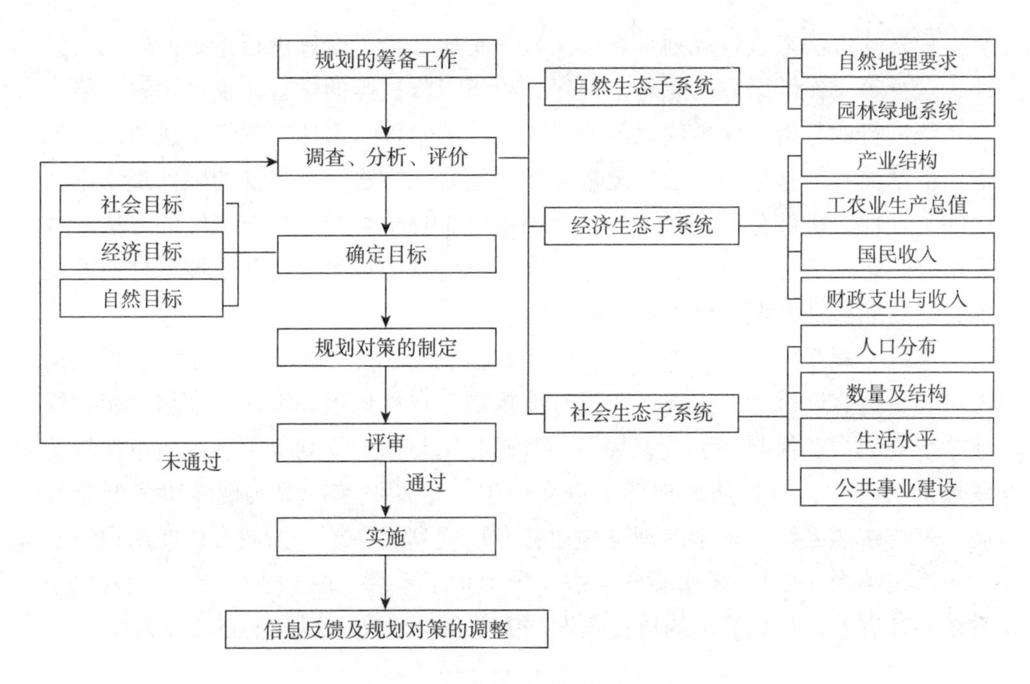

图 3-1　城市生态环境规划程序

第四节　城市生态环境的规划方法与实施

目前国内生态规划方法大都是专家根据自己对城市生态环境系统的理解，以新兴的现代科学如控制论、信息论、泛系论理论来研究生态系统，最后形成全息规划法、泛系统规划法、控制论规划法等。

生态规划方法和体系尚处于探索发展阶段，目前的发展趋势是从定性的描述向定量化方向发展，从单项规划向综合规划方向发展。高度综合是生态规划的特征之一，它是由规划对象，也就是城市（区域）生态系统的特点所决定的。城市生态具有结构复杂、功能多样、目标多、规模庞大、影响因子众多的特点，这也决定了生态规划必须向多目标、多层次、多约束的动态规划方法发展。下面介绍几种城市生态环境规划的方法。

一、系统工程学方法

城市生态环境系统是一个十分复杂的巨系统，对于这一系统，可以采用系统工程学的方法来进行规划。系统工程学是研究为了合理进行系统的研发、设计、运行等工作所采取的思想、程序、组织、方法等的学科，也可理解为研究对系统进行的分析、模拟优化等的工程技术的学科。系统工程学方法是以运筹学、控制论等为基础的定性与定量分析相结合的方法，比传统的感性规划方法增加了理性分析部分。例如，可以应用系统工程学中的点分布测度的方法，对城市公共绿地的分布进行分析，并根据城市的其他情况确定新建城市公园的地址，使其能够最大限度地服务于周边的市民。

系统工程学是“由上而下”“由细到总”的方法。城市生态环境规划包括人口容量适宜度规划、土地利用适宜度规划、自然地理环境保护规划、园林绿地系统规划、环保与环卫系统规划、资源利用与保护规划等内容。城市在快速发展的过程中，对自然地理环境也会产生一定的影响。要实现城市的健康发展，就要按照系统工程学的理论构建各专项规划子系统，如城市扩展用地适宜性子系统（图 3-2）、城市脆弱生态系统保护子系统（图 3-3）。在构建这些子系统的基础上，再以城市的可持续发展为总目标，建立城市生态环境系统。

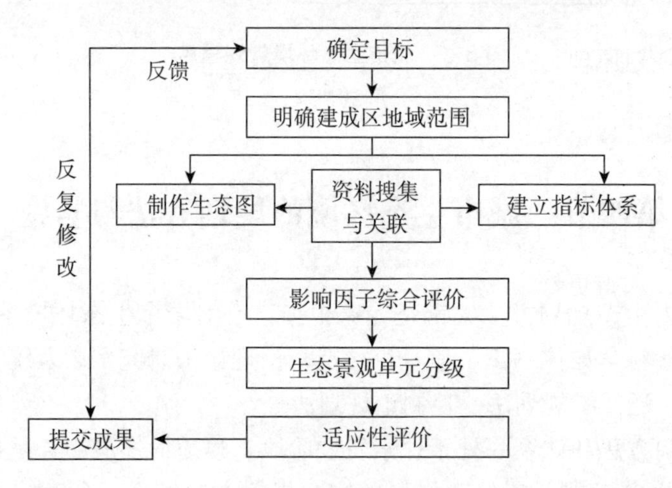

图 3-2　城市扩展用地适宜性子系统

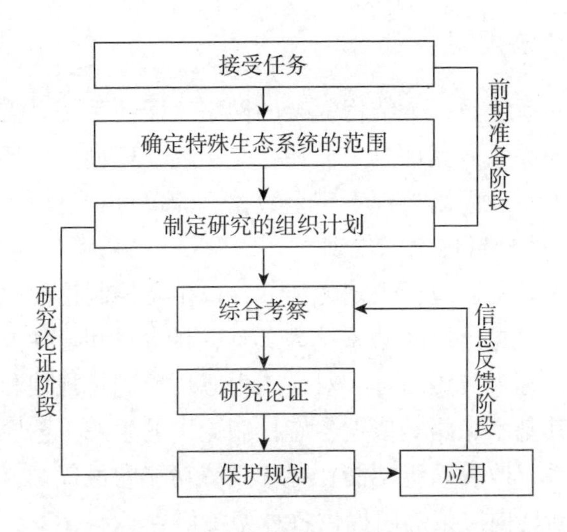

图 3-3　城市脆弱生态系统保护子系统

二、多目标规划

多目标规划原理是在线性规划原理的基础上发展演化而来的。线性规划是一种典型的运筹学方法，它着眼于在一定的约束条件下，如何求得目标函数的最优解。线性规划只研究在满足一定条件下，单一目标函数取得最优解，而在实际问题中，可能会同时考虑令几个方面都达到最优即产量最高、成本最低、质量最好、利润最大、环境达标等。多目标规划能更好地兼顾统筹并处理多种目标的关系，求得更切合实际要求的解。多目标线性规划解决的是在一组约束条件下多个目标均衡达到最优的问题。其数学表达式为：

$$\min F(x)=\min\begin{bmatrix} f(x_1) \\ f(x_2) \\ \vdots \\ f(x_n) \end{bmatrix} \qquad \Phi(x)=\begin{pmatrix} \varphi(x_1) \\ \varphi(x_2) \\ \vdots \\ \varphi(x_n) \end{pmatrix} \begin{pmatrix} 0 \\ 0 \\ \vdots \\ 0 \end{pmatrix} \tag{3-1}$$

多目标线性规划作为一种数学模型工具，在城市生态环境规划中，以获取较快的经济增长和将环境开发破坏程度降到最低为目标（满足约束函数 $\min F(x)$ 要求），以区域资源、自然条件、土地承载力、环境容量、人口容量等为限制因素，以保证城市的经济效益、社会效益和环境效益最大化，获取“持续发展”最佳途径（求得 $\Phi(x)$ 的最大值）。

三、泛目标生态规划

城市生态环境系统是一个结构复杂的网络式回环系统，需要分析其中的相互制约与动态反馈关系，其信息来源往往是粗糙、模糊的，具有不完全或不确定性，因而发展了一种用以处理不完全数据、简单可行且便于推广的人机对话或动态决策方法——泛目标生态规划。

泛目标生态规划是以现行规划为工具，以生态控制论的原理为指导，以调节生态系统功能为目标，以专家系统为工具，将定量和定性方法相结合，并且使决策、科研、管理人员相结合，对人工生态环境进行规划和调控的一种智能辅助决策方法。其基本思路是依据生态控制论中的生态工艺原则和生态协调原则去调控系统关系，改善系统功能，寻求系统功能的最优调节方案，并在逐步优化的过程中不断地向决策部门提供各种相关信息。

四、灵敏度模型

灵敏度模型是以系统动力学理论为基础的定量化模型。该模型是对系统组分间相互关系的动态、结构与功能变化趋势的定性描述，通过系统中各种关系在受干扰之后的适应性来判断系统的结构稳定性、适应能力的变化、不可逆的变化趋势、系统崩溃的风险或出现变异的可能性等，同时可以操纵使系统向有利方面变化的指导因素等，而且还可以给出控制论的解说和评价。例如，在研究城市应对全球气候变化过程中适应能力强弱的问题时，就可以应用该模型进行分析，根据其强弱程度的不同，首先对脆弱区采取行动，维持其结构的稳定，使损失减到最小。

五、系统动力学方法

系统动力学方法是美国麻省理工学院的 Forrest 发明的一种计算机系统模拟方法。它以解决如社会系统这类大系统的模拟问题为特色。从原理上来说，它是一组微分方程组在计算机上的模拟解，不要求对事物的精确解，只要求在已知事物组成要素间相对变动关系的前提下求解事物的发展趋势。从系统方法论来说，系统动力学是结构方法、功能方法和历史方法的统一。它基于系统论，吸收了控制论、信息论的精髓，是一门综合自然科学和社会科学的横向学科。

（一）控制论

控制论是研究动物（包括人类）和机器内部的控制与通信的一般规律的学科，着重于研究过程中的数学关系。

（二）协同论

协同论主要研究远离平衡状态的开放系统在与外界有物质或能量交换的情况下，如何通过内部协同作用，自发地产生时间、空间和功能上的有序结构。协同论以现代科学的最新成果——系统论、信息论、控制论、突变论等为基础，吸收了结构耗散理论的大量营养，采用统计学和动力学相结合的方法，通过对不同领域的分析，提出了多维相空间理论，建立了一整套数学模型和处理方案，在微观到宏观的过渡上，描述了各种系统和现象中从无序到有序转变的共同规律。

协同论是研究不同事物的共同特征及其协同机理的新兴学科，是近十几年来不断发展并被广泛应用的综合性学科。它着重探讨了各种系统从无序变为有序时的相似性。协同论的创始人哈肯说过，他把这个学科称为"协同学"：一方面，该学科研究的对象是许多子系统的联合作用，以产生宏观尺度上的结构和功能；另一方面，它又是由许多不同的学科共同合作，从而发现自组织系统的一般原理。

（三）系统论

系统论是研究系统的一般模式、结构和规律的学科，它研究各种系统的共同特征，用数学方法定量地描述其功能，寻求并确立适用于一切系统的原理、原则和数学模型，是具有逻辑和数学性质的一门新兴的科学。

（四）结构论

结构论研究系统的结构、功能与发生演变及其相互关系的规律，也称为泛进化或自组织系统的结构理论（曾邦哲在1986—1994年发展的系统综合理论）它探讨了系统的结构本原模型、适应稳态结构、系统层次的组织建构，以及实在系统与符号系统对应的转换关系，同时探讨了系统科学的逻辑学基础，以及宇宙、生命、文明的信息组织化过程的结构演变规律。

一般认为，系统动力学涉及物质、能量、信息及其属性的标示，结构、协同、控制等理论。它很适合城乡生态系统的研究，因为其可以解决组成元素复杂、相互关系模糊的难题。

第四章　生态文明背景下城市生态环境污染综合整治与防控

第一节　转变经济方式对城市生态环境防控

我国经过30多年的经济高速发展，现已经成为世界第二大经济体，然而我们也付出了巨大的环境代价。以投资、加工出口、国内消费为拉动力的经济发展模式也越来越难以适应当今的发展形式。在三大拉动力中，最有效益的出口贸易是建立在相对中低端的制造业基础上的，而庞大的中低端造业造成的资源大量消耗、环境污染严重、生态系统退化等问题，已使这种发展模式难以为继，传统的投资拉动经济发展的模式也难以为继。过去相当一部分的投资项目并没有注意到其对生态环境的破坏，以投资为主要拉动力的经济发展所产生的后遗症现在才凸显出来。最近一次经济下行的主要原因就是采取了主要以投资和出口为拉动力的传统发展模式。虽然我国经济缓慢平稳发展是今后的常态，但是经济发展终究需要保持一定的速度，尤其当传统的经济发展增长点不再能发挥很大作用的时候。因此我们要改变经济增长模式，在保持经济快速发展的同时，还要在一定程度上减少环境污染，避免生态系统退化。

一、传统经济模式与生态环境

人们对工业高度发达的负面影响预料不够、预防不利，导致人类不断地向环境排放污染物质，由此引发全球性的三大危机：资源短缺、环境污染、生态破坏。因为大气、水、土壤等具有扩散、稀释、氧化还原、生物降解等作用，所以污染物质的浓度和毒性会自然降低，这种现象也称环境自净。如果人类排放的污染物质超过了环境的自净能力，环境质量就会发生不良变化，危害人类的健康和生存，这就会造成环境污染。

我国工业化开启的时间晚、发展起点低，又面临赶超发达国家的任务，不得不以资本高投入支持经济高速增长，还以资源高消费、环境高代价换取经济繁荣。重视经济而忽视生态的行为给我国生态环境发展带来了不良的影响。

我国面临着发展与环境、能源与环境的多方面矛盾，经济的高速增长加剧了矛盾。政府长期以来谋求的是经济的高速发展，许多城市都在“率先（基本）实现现代化”上“竞赛”，而对经济长期高速增长、城市现代化及生活方式迅速变化带来的环境污染问题及其严重后果认识不足。

同时，我国加入世界贸易组织面临两方面新的环境问题：一方面是国际上的“绿色贸易壁垒”。由于我国目前的环境质量标准普遍低于发达国家的环境质量标准，我国的食品、机电、纺织、皮革、陶瓷、烟草、玩具、鞋业等行业的产品将在出口贸易中受到限制。另一方面，国际市场对我国的矿产、石材、药用植物、农产品、畜牧产品有大量需求，因此可能会加重我国的生态、环境和自然资源的破坏。

环境灾难是自然环境对人类无视自然规律、盲目发展的最直接也是最尖锐的报复。如今遍布我国人口密集区域的大范围、长时间的污染性天气已经向人类发出警示：传统的经济发展和城市发展模式已经到了需要彻底改变的时候了。保护环境、减轻环境污染、遏制生态恶化，成为政府进行社会管理的重要任务。保护环境是我国的一项基本国策，解决当前突出的环境问题，促进经济、社会与环境协调发展和实施可持续发展战略，是政府面临的重要而又艰巨的任务。我们需要节能、降耗，推行清洁生产，加快新型工业化的进程。要改变企业“两高一低（高耗能、高排污，低效率）”的经济发展模式，就必须实施清洁生产。清洁生产是循环经济发展的一个切入点，指通过对企业生产全过程的控制，从源头上减少甚至消除污染物的产生和排放，是工业污染防治的最佳模式，是实现企业经济效益和环境效益“双赢”的最佳方式，对实施可持续发展战略有着重要意义。

二、转化经济结构并发展新经济

可以通过推进产业结构的优化升级，形成以高技术产业为先导、基础产业和制造业为支撑、服务业全面发展的产业格局。为此，要优先发展信息产业，大力发展高技术产业，并以此改造传统产业，振兴装备制造业，继续发展基础设施，全面发展服务业。优化经济结构，依靠可持续发展的理念来推动。经济结构的矛盾实质就是经济增长方式的问题，构建科学、合理、高效的经济结构是推进可持续发展战略的条件。城市环境保护需要把转变经济发展方式和对经济结构进行战略性调整作为推进经济可持续发展的重大决策。不仅要调整需求结构，还要把国民经济增长更多地建立在扩大内需的基础上；不仅要调整产业结构，还要更好、更快地发展现代制造业以及第三产业；更重要的是要调整要素投入结构，使国民经济增长不能永远依赖物质要素的投入，而是要转向依靠科技进步、劳动者的素质提高和管理的创新上来。在这一过程中，还要从我国实际出发，处理好三大关系。第一大关系是发展高新技术产业和传统产业的关系。我国有庞大的传统工业，其中相当一部分还停留在20世纪80年代末90

年代初的水平。我国应当在积极发展高新技术产业的同时，加大对传统产业的改造，使传统产业尽快提高水平，发挥更大作用。第二大关系是处理好资金技术密集型产业和劳动密集型产业的关系。既要发展资金技术密集型产业，升级产业结构，又要发挥比较优势，积极发展劳动密集型产业。第三大关系是处理好虚拟经济和实体经济的关系。虚拟经济是实体经济发展到一定程度的产物，发展虚拟经济要为促进实体经济服务，切忌脱离实体经济而过度发展虚拟经济。

发展新经济即发展知识经济和循环经济，这是国际社会的大趋势。循环经济就是将清洁生产和废弃物综合利用融为一体的经济，本质上是一种生态经济，它要求运用生态学规律来指导人类社会的经济活动，按照生态规律利用自然资源，实现经济活动的生态化转向。自从 20 世纪 90 年代确立可持续发展战略以来，发达国家正在把发展循环经济、建立循环型社会看作实施可持续发展战略的重要途径。

所谓“新经济”，是指建立在信息技术革命和制度创新基础上的经济持续增长与低通货膨胀率、低失业率并存，经济周期的阶段性特征明显淡化的一种新的经济现象。“新经济”一词最早出现于美国《商业周刊》1996 年 12 月 30 日发表的一组文章中。新经济是指在经济全球化背景下，信息技术革命以及由信息技术革命带动的、以高新科技产业为龙头的经济。新经济是信息化带来的经济文化成果，具有低失业率、低通货膨胀率、低财政赤字、高增长率的特点。通俗地讲，新经济就是人们一直追求的“持续、快速、健康”发展的经济。“新经济”在近几年已经出现了两种趋势：一是经济全球化，二是信息技术革命。

关于“新经济”的含义，目前还有很多争议。有的学者认为，科学地诠释“新经济”，关键在于抓住美国经济正在从传统经济即工业经济向一种新型经济——知识经济的转变。当前经济正在发生根本性变化和转型，因而与传统经济相联系的经济现象、经济特征、经济概念和经济理论必然也会发生变化。也有的学者认为，所谓“新经济”实际上就是知识经济，而知识经济是指区别于以前以传统工业为支柱产业、以自然资源为主要依托的新型经济，这种新型经济以高技术产业为支柱，以智力资源为主要依托。

新经济可以看作主要以美国等发达国家经济为基础所产生的概念，也即持续高增长、低通货膨胀率、科技进步快、经济效率高、在全球配置资源的经济状态。新经济虽然是以美国近十年经济发展状况为基础而引申出来的一个全新的概念，但其生存和发展依赖两块基石：信息领域的技术革命所带来的全球信息化以及导致各国经济边界日益弱化的全球经济一体化。新经济的作用及影响早已远远超出了美国的国界，因此新经济并非美国经济的专利，其深远影响及发展趋势有可能成为未来全球经济发展的主流形态和运行模式。新经济之所以“新”，是因为推动其产生与发展的原信息、技术革命具有全新的意义。同以往任何一次技术革命不同，信息技术革命改变的并不是人类对自然资源的利用方式。虽然其影响所及必然导致人类对自然资源利用率的提高，但它是通过改变人类信息的传输、储存方式来实现的。长久以来，在低下的劳动生产力的掩饰下，信息的不充分对人类经济活动的制约作用被忽略了。自工业革命以来的多次技术革命大大提高了人类的生产力，信息技术水平也在不断提高。信息技术的快速发展不仅是人类信息传输与储存方式的革命，还对人类经济和社会的组织方式提出了创新的要求，电子商务、信息高速公路这些信息时代的产物正在全方位地影响着人类的生产和生活。新经济的实质就是信息化与全球化，其核心是高科技创新及由此带动的其他领域的一系列创新。促成新经济出现的现实环境是全球经济一体化。信息技术革命的推进以及新经济的发展必然会导致全球一体化进程的加快。

新经济是基于知识经济的全球化经济。新经济的基本特征是高技术化和全球化。新经济和传统经济有以下明显不同的特征：经济主体交往不同，新经济趋向全球一体化；交换方式不同，新经济以电子商务为主要交换手段；生产方式不同，新经济以集约型为主；增长动力不同，新经济以高科技、信息为增长原动力；新经济资源是共享的，对人类供给是无限的。新经济是以现代科学技术为核心，建立在知识和信息的生产、分配及使用之上的经济。

新经济的主要标志是信息化、网络的飞速发展。自20世纪以来，计算机、互联网和光纤的出现使整个世界进入了信息化时代，人们可以在世界上的任何一个地方了解到世界各地在任何瞬间发生过的事件，实现了“足不出户”的沟通和参与，而且这种沟通的手段和方法越来越简洁、透明。传统的交通运输业获得了长足进步。高速公路、高速铁路得到飞速发展，空中运输的日益普及再也不是奢侈，实物传输的速度和规模也大大提升了。冷战结束后，意识形态在竞争表象上让位于经济发展实力的竞争，各国把注意力放在了经济建设上。经济呈现全球一体化趋势，集中表现在以下方面：市场全球化即需求市场向全球的任何企业和自然人开放，且企业与自然人有机会在全球范围内寻求自己的市场；资源配置全球化即人们在选择配置资源时，不再局限在自己的国家和地区，而是可以凭借自己的实力和眼光，在全球范围内选配自己所认可的各类资源，从而提升自己的配置效率；竞争规则的国际化，最显而易见的就是绝大多数国家加入了世界贸易组织，并承认和运行它的竞争规则。由于人们抢夺市场、占有资源的能力不同，以及在国际经济组织中的实质性地位不同，经济全球化给各国和集团带来的利益影响也各不相同。

三、坚持新型工业化的道路

所谓新型工业化，就是坚持以信息化带动工业化，以工业化促进信息化，就是科技含量高、经济效益好、资源消耗低、环境污染少、人力资源优势得到充分发挥的工业化。

根据《新帕尔格雷夫经济学大辞典》的解释，工业化首先是国民经济中制造业所占比例提高，其次是制造业就业人口在总就业人口中所占比例提高，另外还包括人均收入增加，新的生产方法、新产品不断出现，城市化水平提高，等等。工业化是以劳动要素、资本要素为基本要素的工业生产替代以劳动要素、土地要素为基本要素的农业生产的蜕变过程。在工业化过程中，随着科学技术的进步，新型工业形态也不断出现，如机械工业、冶金工业、电气工业、化学工业、电子产业、信息工业、智能工业，而每一次科学技术进步形成的新型工业都是对旧工业的扬弃和创新。如今，新型工业化是21世纪的工业化，机械工业、冶金工业、电气工业、化学工业这些都已经属于19—20世纪旧的工业，电子产业、信息工业也是20世纪后期的工业，属于半新型工业，真正的新型工业是在信息工业基础上发展起来的智能工业——一种以人脑智慧、电脑网络和物理设备为基本要素的新型经济结构、增长方式和社会形态。新型工业化道路的本质就是在充分考虑我国国情和世界经济发展趋势的基础上，通过实践探索具有中国特色的工业化道路。当前，信息化浪潮席卷全球，发达国家已处于后工业化阶段，而在我国，现代化进程虽已大规模展开，但工业化道路尚未完成，全面实现工业化仍然是一项艰巨的历史性任务。

面对工业化、信息化和现代化的多重挑战，我国必须找到一种新的发展模式。新型工业化道路的“新”主要体现在以下几个方面。第一，新的要求和新的目标。新型工业化道路所追求的工业化，不能只追求工业增加值，而是要实现“科技含量高、经济效益好、资源消耗低、环境污染少、人力资源优势得到充分发挥”这几个方面的兼顾和统一，这是新型工业化道路的基本标志和落脚点。第二，新的物质技术基础。虽然我国工业化的任务远未完成，但工业化必须建立在更先进的技术基础上。坚持以信息化带动工业化，以工业化促进信息化，是我国加快实现工业化的必然选择。要把信息产业摆在优先发展的地位，将高新技术渗透到各个产业中去，这是新型工业化道路的技术手段和重要标志。第三，新的处理各种关系的思路。要从我国生产力和科技发展水平不平衡、城乡简单劳动力大量富余、虚拟资本市场发育不完善且风险较大的国情出发，正确处理发展高新技术产业和传统产业、资金技术密集型产业和劳动密集型产业、虚拟经济和实体经济的关系，这是我国走新型工业化道路的重要特点和必须注意的问题。第四，新的工业化战略。发展新技术要求大力实施科教兴国战略和可持续发展战略。必须发挥科学技术是第一生产力的作用，依靠教育培育人才，使经济发展具有可持续性，这是新型工业化道路的可靠根基和支撑力。

新型工业化的特点有以下几点：以信息化带动的、能够实现跨越式发展的工业化；能够增强可持续发展能力的工业化；能够充分发挥我国人力资源优势的工业化。走新型工业化道路必须注重以下几个层面。第一，充分利用信息化的技术优势带动工业化。进入信息时代，在技术上发挥后发优势、让跨越式发展成为现实可能。信息网络技术的迅猛发展产生了信息及通信设备制造业、软件业、信息服务业等诸多新兴产业，同时它以极强的渗透力同传统产业广泛结合。不断进步的信息网络技术不仅使传统产业迅速地提高劳动生产率和服务效率，增加种类，提高质量，降低成本，还有效地改进微观经济管理和宏观经济管理，催生新的生产经营方式和新业态。总之，用信息化带动工业化可以迅速提高我国工业化水平，加快工业化进程。第二，新型工业化必须以科技进步为动力，以提高经济效益和竞争为中心。在经济全球化时代，全球制造业生产能力和产品大量过剩，国际竞争日趋激烈。我国要想实现工业化，不可能像发达国家以前那样依靠同广大殖民地的不平等交换迅速积累财富，而必须以科技进步和创新为动力，不断提高工业产品的科技含量，通过质量好、价格低的产品，在国内和国际市场上打开销路，争得更大的市场份额。因此，我国要将实现工业化与实施科教兴国战略紧密结合，着重依靠科技进步和提高劳动者素质，不断提高经济效益和竞争力。第三，新型工业化必须同实施可持续发展战略紧密结合。传统的工业化道路是以大量消耗资源和牺牲生态环境为代价的。虽然发达国家“先污染，后治理”的措施在其本国范围内取得了一定的成效，但从全球范围看，发达国家自工业化以来对资源的大量消耗和对生态环境的严重破坏已经造成了无法挽回的损失。因此，必须把资源消耗低和环境污染少、实现可持续发展等作为走新型工业化道路的基本要求。第四，新型工业化必须充分发挥我国的人力资源优势。工业化的进程是发展工业并用先进的工业生产技术改造和装备农业等传统产业的过程，因此工业化必然伴随着城市化。同时，随着工业和国民经济各部门资本有机构成和劳动生产率的不断提高，同量资本将同更少的劳动力相结合，因此发展工业化和扩大就业在客观上就存在一定的矛盾。一方面，我国人力资源极为丰富，就业和再就业的压力比任何国家都大，因而在信息化时代，劳动生产率的提高会加剧就业矛盾；另一方面，极为丰富的人力资源又是我国的宝贵财富和巨大优势。因此，充分发挥我国人力资源优势不仅是扩大内需、保持社会稳定的必要条件，也是发挥我国比较优势、保持和提高竞争力的重要方面。

新型工业化道路的要求如下：科技含量高，就是要充分发挥科技作为第一生产力的作用，促进科技成果更好地转化为现实生产力，提高产品的质量和竞争力；经济效益好，就是要实现经济增长方式从粗放型向集约型转变，从主要依靠增加投入、铺新摊子、追求数量，转到以经济效益为中心的轨道上来，通过提高技术、加强科学管理、降低成本来提高劳动生产率；资源消耗低，就是要充分考虑我国人均资源相对短缺的实际情况，实施可持续发展的战略，坚持资源开发和节约并举，把节约放在首位，努力提高资源利用效率，积极推进资源利用方式从粗放向节约的转变，转变生产方式和消费方式；环境污染少，就是要高度重视生态环境问题，从宏观管理入手，注重从源头上防止环境污染和生态破坏，避免走旧工业化过程中“先污染，后治理”的老路；人力资源优势得到充分发挥，就是要从我国人口多、劳动力资源丰富的实际出发，制定推进工业化的具体政策，处理好资金技术密集型产业与劳动密集型产业的关系，坚持走中国特色的城镇化道路，通过教育和培训加强劳动力资源的分配。

走新型工业化道路有两大动力。一是内部动力——改革。改革要有新突破，最为重要的是使经济制度和经济政策同新型工业化道路的要求相适应。产权“大锅饭”走不成新型工业化道路，贫穷和愚昧同样走不成新型工业化道路。要走新型工业化道路，就必须建立新的激励机制，必须推进产权人格化和经济自由化，必须进一步使科研院所和工业企业具备科技创新的强大动力，必须最大限度地调动一切先进生产力的积极性和创造力，必须使工业企业和相关产业具有采用信息技术的迫切欲望，必须使越来越多的企业和消费者对信息技术和信息产品的需求大幅度提高。为此，必须进一步清除仍然存在的体制性障碍，确立按要素分配的分配方式，把发展动力建立在保护合法财产和知识产权的基础上；必须适当调整国民收入分配政策，提高劳动者报酬和消费基金在GDP中的比重，消除绝对贫困，把需求的欲望和能力建立在国民有足够支付能力的基础上。二是外部动力——开放。开放要有新局面。目前我国最大的500家外资企业主要集中在电子、交通运输设备、电气机械和食品加工等行业，其中资金技术密集型企业的销售额占500家企业总销售额的比重达83%以上，大大推动了我国产业结构的升级。我国面临的现实挑战就是加入世界贸易组织后所带来的不断加剧的外来竞争。从目前看，扩大对外开放的重心已经从引进外资转变为与世界经济接轨。一是要通过技术改进和要素优化重组提高重要基础产业国际竞争力；二是完善市场竞争规则，优化企业发展环境；三是培育产权市场化和推进要素的市场化进程；四是加快与国际大资本的产权融合，积极加快经济全球化的进程。

四、发展绿色经济和循环经济

以人为本是科学发展观的核心。绿色发展具有强烈的人本导向，是一种更安全、更环保、更清洁的财富创造方式，是一种更加关注人的生存权利和维护代际公平的发展模式，是一种致力于改善生存环境、提高生活质量、实现人的全面发展的科学理念。绿色发展适应人类环保要求和健康需要，在追求经济效益的过程中更加注重社会效益和生态效益，在创造财富的过程中更加注重统筹经济、社会、人口、资源、环境等各种要素关系，更加兼顾个人与集体、局部与整体、当代与后代等各种利益关系，绿色发展最终是为了实现经济进步、社会进步以及人的进步。因此，强化绿色发展是实现转型升级的根本保证，符合以人为本的科学发展理念。绿色经济是人类社会继农业经济、工业经济、服务经济之后新的经济结构，是更加高效、和谐、持续的增长方式，是21世纪的全球共识和人类文明的发展方向。

绿色经济是以市场为导向、以传统产业经济为基础、以经济与环境的和谐为目的而发展起来的一种新的经济形式，是产业经济为适应人类环保与健康的需要而产生并表现出来的一种发展状态。环境经济学家认为，经济发展必须是自然环境和人类自身可以承受的，不会因盲目追求生产增长而造成社会分裂和生态危机，不会因为自然资源耗竭而使经济无法持续发展，主张从社会及其生态条件出发，建立一种“可承受的经济”。英国经济学家皮尔斯在1989年出版的《绿色经济蓝皮书》中首次提出了绿色经济的概念。美国经济学家雅各布斯与波斯特尔等人在20世纪90年代所提出的绿色经济学中倡议，在传统经济学三种基本生产要素（劳动、土地及人造资本）之外，再加入一项社会组织资本，并将其他三项成本的定义略做修正：①人类资本，强调人类的健康、智识、技艺及动机；②将土地成本扩充成为生态资本或自然资本；③人造资本或称制造资本保持不变。

绿色经济特别提出的社会组织资本（SOC）指的是地方小区、商业团体、工会乃至国家的法律、政治组织，以及国际的环保条约如《联合国海洋法公约》《蒙特利尔议定书》。他们认为，这些社会组织不只是单纯的个人总和。无论哪一层级的组织，都会衍生出其特有的习惯、规范、情操、传统、程序、记忆与文化，从而培养出相异的效率、活力、动机及创造力，投身于人类福祉的创造。绿色经济指能够遵循“开发需求、降低成本、加大动力、协调一致、宏观有控”等五项准则，并且能够可持续发展的经济。绿色经济既指具体的一个微观单位经济，又指一个国家的国民经济，甚至是全球范围的经济。发展绿色经济是对工业革命以来几个世纪的传统经济发展模式的根本否定，是21世纪世界经济发展的必然趋势。我国应当以生态化、知识化和可持续化发展为目标，改造现存的资源消耗与环境污染严重的非持续性的“黑色经济”，建立和完善生态化的经济发展体制，推动科学技术生态化、生产力生态化、国民经济体系生态化，成为绿色经济强国。

绿色经济是一种实现低碳排放、资源有效利并兼顾社会和谐的环境经济。实际来说，绿色经济的收入和就业增长是由能够减少碳排放和污染排放，能够提高能源和资源利用效率并且能够防止生物多样性和生态系统服务功能丧失的公共和私营投资驱动的。

绿色经济是一个行政的表述，包含着环境友好型经济、资源节约型经济、循环经济的取向和特征。经济增长本来的目的是增加人类的福利，是人本主义的必然逻辑，但是幸福、福利有短期和长期之分、局部和全局之别、持续和不可持续之分，为了短期的利益污染环境是与绿色经济取向背道而驰的非人本主义的发展模式。可以把环境友好型的经济模式称为绿色经济发展模式。以“绿色”来重构现代生产和生活方式，走人与自然和谐的可持续发展道路，已成为当今社会的普遍共识。许多国家都将发展包括新能源、节能低碳环保在内的绿色经济作为重构经济和产业模式、开辟竞争新领域的重大战略。

促进绿色经济可以从两方面着手：一方面是在经济领域制定政策，另一方面是在环保领域制定政策。在经济领域制定政策是一种激励性、鼓励性的政策。在环保领域制定政策包括提高环境准入门槛、促进产业结构优化。对于应该优化开发的地方，要制定相应的政策开发；对于限制和禁止开发的地区，要实行严格的环境准入，做好环评和污染物排放总量控制，加强环境保护的管理和执法手段，强调实行环境保护问责制也是政策的方向。

循环经济即物质闭环流动型经济，是指在人、自然资源和科学技术的大系统内，在资源投入、企业生产、产品消费及其废弃的全过程中，把传统的依赖资源消耗的线型增长的经济，转变为依靠生态型资源循环来发展的经济。传统工业经济的生产观念是最大限度地开发利用自然资源，最大限度地创造社会财富，最大限度地获取利润。而循环经济的生产观念是要充分考虑自然生态系统的承载能力，尽可能地节约自然资源，不断提高自然资源的利用效率，循环使用资源，创造良性的社会财富。"循环经济"这一术语在我国出现于20世纪90年代中期，学术界在研究过程中已经从资源综合利用、环境保护、技术范式、经济形态和增长方式、广义和狭义等不同角度对其做了多种界定。当前，社会上普遍推行的是国家发改委对循环经济的定义："循环经济是一种以资源的高效利用和循环利用为核心，以'减量化、再利用、资源化'为原则，以低消耗、低排放、高效率为基本特征，符合可持续发展理念的经济增长模式，是对'大量生产、大量消费、大量废弃'的传统增长模式的根本变革。"这一定义不仅指出了循环经济的核心、原则、特征，还指出循环经济是符合可持续发展理念的经济增长模式，抓住了当前我国资源相对短缺而又大量消耗的症结，在解决我国资源对经济发展的制约方面具有很大的现实意义。

我国从20世纪90年代起引入了关于循环经济的思想，此后对循环经济的理论研究和实践开始不断渗入。1998年，我国引入了德国循环经济概念，确立"3R"原则的中心地位；1999年，我国从可持续生产的角度对循环经济发展模式进行了整合；2002年，从新兴工业化的角度认识了循环经济的发展意义；2003年，将循环经济纳入科学发展观，确立了物质减量化的发展战略；2004年，提出了从不同的空间规模出发大力发展循环经济。

循环经济始于人类对环境污染的关注，源于对人与自然关系的处理，它是人类社会发展到一定阶段的必然选择，是重新审视人与自然关系的必然结果。循环经济以可持续发展为原则，既是一种经济社会与资源环境协调发展的新理念，又是一种新的具体的发展模式。传统经济是一种由"资源—产品—污染排放"所构成的物质单向流动的经济。在这种经济中，人们以越来越高的强度将地球上的物质和能源开发出来，在生产加工和消费过程中又把污染和废物大量地排放到环境中，对资源的利用常常是粗放的和一次性的，把资源持续不断地变成废物来实现经济的数量型增长的发展形式，导致了许多自然资源的短缺与枯竭，并酿成了灾难性的环境污染后果。与此不同，循环经济倡导的是一种建立在物质不断循环利用的基础上的经济发展模式，它要求把经济活动按照自然生态系统的模式，组织成一个“资源—产品—再生资源”的物质反复循环流动的过程，使得整个经济系统以及生产和消费的过程基本上不产生或者产生很少的废弃物，“只有放错了地方的资源，而没有真正的废弃物”，坚持自然资源的低投入、高利用和废弃物的低排放，从而根本上消解长期以来环境与发展之间的尖锐冲突。

循环经济要求以“3R”原则为经济活动的行为准则。“3R”原则的具体内容如下。

减量化原则（Reduce）。要求用较少的原料和能源投入来达到既定的生产目的或消费目的，进而从经济活动的源头就注意节约资源和减少污染。在生产中，减量化原则常常表现为要求产品小型化和轻型化。此外，减量化原则要求产品的包装应该追求简约朴实而不是铺张浪费，从而达到减少废物排放的目的。

再使用原则（Reuse）。要求制造产品和包装容器能够以初始的形式被反复使用；要求抵制当今世界一次性用品的泛滥，生产者应该将制品及其包装当作一种日常生活器具来设计，使其像餐具和背包一样可以被重复使用；要求制造商应该尽量延长产品的使用期，而不是非常快速地更新迭代。

再循环原则（Recyle）。要求生产出来的物品在完成其使用功能后能重新变成可以利用的资源，而不是不可恢复的垃圾。按照循环经济的思想，再循环有两种情况：一种是原级再循环，即废品被循环用来产生同种类型的新产品，如再生报纸、再生易拉罐；另一种是次级再循环，即将废物资源转化成其他产品的原料。原级再循环在减少原材料消耗上面达到的效率要比次级再循环高得多，是循环经济追求的理想境界。

我国正处于工业化的中期阶段，还需要经历一个资源消耗阶段，投资率高，原材料工业增长速度快，特别是粗放型经济增长方式没有发生根本改变，资源浪费多，单位产值的污染物排放量高，因而必须注重两方面：一方面从资源开采、生产消耗出发，提高资源利用效率；另一方面在减少资源消耗的同时，相应地削减废物的产生量。因此，我国发展循环经济是产业生态化与污染治理产业化、动脉产业与静脉产业协调发展的有机统一。

第二节　利用先进科学技术进行生态环境防控

一、科技手段治理环境的必要性

城市环境保护要求新技术的研发和普及。要想解决环境危机、改变传统的生产方式和消费方式，根本出路在于发展科学技术。只有大量地使用先进科技，才能使单位生产量的能耗、物耗大幅度下降，才能实现少投入、多产出的发展模式，降低对资源、能源的依赖性，减轻环境的污染负荷。目前我国利用科技解决环境问题是不二之选，应该大力实施科教兴国战略和可持续发展战略。科学技术是先进生产力的集中体现和主要标志，必须依靠教育培育人才，使经济发展具有可持续性。

要根据世界科技发展趋势，制定和完善中长期科技发展战略。加强基础技术研究和高技术研究，优先发展信息技术、生命科学、新材料等重点领域。大力推进关键技术创新和系统集成，实现技术跨越式发展。继续深化科技体制改革，加速科技成果向现实生产力的转化，建立同经济发展紧密结合、符合市场经济要求和科技创新规律的新型科技管理体制。推进国家创新体系建设，发挥大学和科研机构在知识创新中的重要作用，支持企业成为科研开发投入和技术创新的主体。发挥风险投资的作用，形成一套促进科技创新和创业的资本运作及人才汇集机制。教育是发展科学技术和培养人才的基础，必须充分发挥教育在现代化建设中的主导性、全局性作用，坚持教育优先发展，深化教育改革，优化教育结构，合理配置教育资源，提高教育管理水平和质量。实施人才战略，培养数以亿计的高素质劳动者、数以千万计的专门人才和一大批优秀的创新人才，大力吸引海外各类专业人才，完善知识产权保护制度。

二、发展绿色技术

绿色技术是指能减少污染、降低消耗和改善生态的技术。绿色技术是由相关知识、能力和物质手段构成的动态系统。这意味着有关保护环境、改造生态的知识、能力或物质手段只是绿色技术的要素，这三个要素只有结合在一起，相互作用，才能构成现实的绿色技术。环保和生态知识是绿色技术不可缺少的要素，绿色技术创新是对环保和生态知识的应用。绿色技术的内涵可以概括为根据环境价值利用现代科技的全部潜力的无污染技术。绿色技术不单指一门技术，而是一个技术群，包括能源技术、材料技术、生物技术、污染治理技术、资源回收技术以及环境监测技术和从源头、过程加以控制的清洁生产技术。

绿色技术代表着一种新型的人与自然的关系，强调防止、治理环境污染，维护自然生态平衡。在科技日新月异的21世纪，随着环境污染和生态恶化，那种认为人是自然的主人、“人定胜天”的观念已经得不到多数人的支持。以高消耗、高排放、易污染为特征的现代技术奉行“人类中心主义”，追求的目标是征服自然。实践表明，现代技术正在改变地球的基本演进方式，这是很危险的。因此，必须进行技术范式转移，由现代技术过渡到绿色技术。绿色科技的发展经历了漫长的过程，也是科技发展的必然趋势。绿色科技的概念被正式提出是在20世纪90年代。客观地讲，是公害事件和环境问题使科学家意识到绿色科技的重要性。为了解决环境问题，人类需要寻求一种更为先进的技术体系，以实现人类的可持续发展。在此背景下，绿色技术应运而生。绿色技术又被称作环境友好技术或生态技术，源于20世纪70年代西方工业化国家的社会生态运动，是指对减少环境污染，减少原材料、自然资源和能源使用的技术、工艺或产品的总称。这一概念的产生源自人类对现代技术破坏生态环境、威胁人类生存状况的反思，可以认为是生态哲学、生态文化乃至生态文明产生的标志之一。从产业共同体的角度，可将绿色技术分为两大类：辅助技术和核心技术。而绿色技术对产业共同体的作用主要体现在两个方面：一方面是辅助类的绿色技术对产业领域生产过程的改造和创新；另一方面是核心类的绿色技术对产业领域最终产品的影响。其作用的最终结果就是绿色技术通过在产业领域的应用和推广，不断地推动产业的演化。

绿色技术与现代科技紧密相连，企业应善于发挥高技术在推动绿色技术发展中的潜力。科技界的有识之士早就预言高新技术将走向“绿化”或“无公害化”。现在的一些高新技术也在破坏我们赖以生存的地球环境，因此人类不得不开发可持续的、高效智能化的全新技术。所谓高新技术的“绿化”，是指充分发挥现代高新技术的潜力，走对环境保护有利的道路。它的特点如下：建立在“安全而又取之不尽、用之不竭”的能源供应的基础之上；竭力仿效大自然本身的特点；大大提高能源和其他资源的利用效率，大大降低生产成本，减少对环境的污染；高效率地循环利用副产品；日益智能化。高新技术应该“绿化”，而且它也是可以“绿化”的。例如，电脑是当前社会较普及的高技术产品，但长期操作会影响人们的健康。为了消除这些不利因素，人们对电脑进行了“绿化”，推出了“绿色电脑”，颇受人们欢迎。总之，高新技术的“绿化”是在众多社会压力下的一种必然的发展趋势，也是人类21世纪生态取向的一个表现。

绿色技术包括清洁生产技术、治理污染技术和生态修复技术。按联合国环境规划署的定义，清洁生产是生产过程中的一种新的、创造性的思维方式。清洁生产意味着对生产过程、产品和服务持续运用整体预防的环境保护战略，以期增加生态效率并降低对人类和环境的危害。毫无疑问，清洁生产技术属于绿色技术，但绿色技术不能等同于清洁生产技术。假定有一个孤立、封闭的地理系统，生态平衡，没有污染，该地理系统内部的居民一直使用清洁生产技术，从不使用任何污染技术，地理系统中人与自然处于和谐状态，这时清洁生产技术就等同于绿色技术。但在今天的地球表面，不存在严格孤立、封闭的地理系统，不同地理系统之间存在着相互影响、相互制约的关系，任何地理系统的污染都会影响毗邻的地理系统。而且，人类在工业化进程中，一开始使用的技术具有高排放、高消耗和污染性质，造成了严重的环境问题。在已出现污染和地理系统开放的条件下，即使今后都采用清洁生产技术，也只能部分解决环境问题。因为清洁生产技术只能防止未来的污染，而不能消除已存在的污染。从这个意义上讲，清洁生产技术只是绿色技术的一部分，而不是绿色技术的全部。

在功能上，治理污染技术与清洁生产技术互为补充。治理污染技术是通过分解、回收等方式清除环境污染物，即解决已经存在的污染问题；而清洁生产技术是保证未来不发生污染问题。

在没有人为干扰的情况下，局部自然生态也可能会出现恶化，如沙漠化、泥石流、湖泊沼泽化。自然生态恶化同样会影响人类的生存，因此需要相应的技术来改善自然生态，如沙漠植草、土石工程、湖泊疏浚。尽管这些技术属于常规技术，但在功能上也应划入绿色技术范畴。

三、生物监测技术在水环境工程中的应用

随着人类工业化进程的加深，虽然社会发展速度在不断加快，但生态环境却遭到了严重的污染和破坏。人类对水环境的污染和破坏导致被污染水体中的生物数量锐减，不少生物因此濒临灭绝。在污染严重的水体周边，人的各类疾病的发病率也在不断上升。人类越来越多的疑难杂症及生物多样性降低等问题让人类意识到水环境保护的重要性。水环境监测技术是一种基于对水环境污染情况掌握后的针对性污染治理措施。通过对水环境的监测，可以了解污染源和污染成分，再“对症”采取措施，从而提高水环境污染治理的效果。生物监测

技术是监测生物效价和安全性的核心技术。研究生物监测技术在水环境工程中的应用对提高水环境工程监测的质量有着重要的意义。

（一）生物监测技术概述

1. 生物监测的内涵

生物监测是利用生物个体、种群或群落对环境污染或变化所产生的反应阐明环境污染状况，从生物学角度为环境质量的监测和评价提供依据。生物监测技术来源于20世纪70年代科学家对水污染及生物监测的研究。美国的《水和废水质量的生物监测会议论文集》就提到利用水生物监测技术监测各类水生生物是研究水污染程度的重要依据。

2. 生物监测技术的原理

生物监测技术是利用各类水生生物对环境变化的反应来监测和评估环境污染情况的技术。它利用毒性学方法和生态学方法的原理来实现对水生生物的监测。生物监测技术相对于传统的物理监测与化学监测方法而言，具有较高的安全性和实用性等优势。理论上，它是对传统的物理监测法与化学监测法的延伸和补充。毒理学在测定有毒物质在环境中的毒性作用方面有着明显的应用优势。生物监测技术可以分析水环境中污染物的综合毒性，能够更加全面地反映水环境污染问题。动态化的监测过程能够反映水环境长期污染情况，提供更加精准的监测数据及环境污染的信息依据。它在综合环境评价中能够客观、真实地反映水环境中存在的各方面的污染问题，其结果可作为预测和治理水环境污染的客观理论依据。从当前生物监测技术在我国水环境工程中的应用情况来看，生物监测技术在当前生态系统中能够对未被污染的区域受危害情况起到一定的预测作用，预防水生态环境遭到污染和破坏。由此可见，生物监测技术在水环境工程中的应用对维持长期的环境保护具有深远意义。

3. 生物监测技术在水环境工程中应用的作用

生物监测技术可以综合性地监测水环境，监测过程可以体现动态化和实时性。将生物监测技术应用到水环境工程中，有助于提高水环境监测的效率，及时获取水环境中生物的变化，掌握系统、完整的生物变化过程。其还可以有效预见水环境的变化，通过前期污染预测可能发生的水体污染问题，起到预测环境污染的作用。传统的物理监测法及化学监测法对水环境细微的变化监测效果不明显，而生物监测技术能够更加敏感地捕捉到水环境细微的变化，预测细小的污染物经过长期积累后演变的结果，起到预测污染变化的作用。对一些具有长期危害且危害大、毒性范围小的水土污染，生物监测技术的成本低、效率高，有助于降低水环境监测的成本。

（二）水环境工程的监测内容

水环境工程监测的主要内容为动物、植物、微生物在环境中的分布、生长和发育状况、生态系统变化及其与环境污染的关系。生物监测法是测定环境污染物毒性的有效方法。对动物、植物及微生物的群落生态、个体生态、携带的毒性、致突变因素、体内残留物等指标的测定，是了解水环境污染情况的重要依据。生物监测获得的监测信息能够更加准确地反映污染因子对人和生物的危害及环境污染的综合影响。在环境污染物较少的情况下，利用某些生物对特定污染物的敏感性，对水环境污染程度进行早期的诊断和预测。为了更加全面、准确地评价水环境质量，生物监测技术在水环境工程中应用时可以结合理化监测技术及其数据，将理化监测数据作为生物监测结果的补充。

（三）生物监测技术在水环境工程中的应用

1. 微生物群落监测技术

微生物群落监测技术用于监测水环境中的细菌、水藻及其他微生物。水环境中的各类微生物的数量、出现频率能够反映一个阶段内水环境的情况。微生物群落监测技术主要监测指标有微生物类型、多样性指数、异养指数、鞭毛百分率。该技术采用聚氨酯塑料收集水样，结合数据计算方法计算微生物的分布指数，评价水环境污染程度。理论上，水环境污染情况是一个动态化的过程，污染条件也在不断发生变化。微生物监测技术的评价指标应根据污染条件的变化不断扩展和补充，以提高水环境污染评价的全面性。

2. 生物行为反应检测技术

生物行为反应监测技术用于监测微生物污染时发生的行为变化。部分微生物在其敏感的污染条件下，会发生明显的生理变化、行为变化或压力性反应。这些指标能够较为准确地反映环境中存在的污染问题。例如，斑马鱼、金鱼对外部环境污染的变化感知极其敏感，斑马鱼、金鱼的生理变化、行为变化等，可以作为指示淡水水质变化的指标，评价监测区域水环境的污染问题。斑马鱼与人体具有很多相似的行为反应，监测斑马鱼的反应在指示水环境污染对人体的危害程度方面具有极高的应用价值。

3. 发光细菌监测技术

细菌广泛存在于水环境中。监测水环境中的细菌类型、数量，在评价水环境的安全性方面有着重要的应用价值。目前，我国的细菌监测技术已经相当成熟。细菌监测技术的成熟性确保了水环境安全性监测的有效性。发光细菌技术利用一些细菌细胞的发光特性来监测污染物及细菌包含的毒性。该技术通过生物毒性探测器实现对水环境细菌毒性的监测。生物毒性探测器具有毒性监测效率快、结果精准、操作方便等应用优势。采用生物毒性探测器可在 3 小时内获得水环境细菌及毒性监测结果。

4. 底栖和两栖动物监测技术

底栖、两栖动物数量是生物监测水质的重要指标。底栖、两栖动物对生存的水环境要求极高。底栖和两栖动物监测技术是通过监测底栖、两栖动物的生理、行为等指标来评价水质及水环境污染问题的。主要指标有污水生物的指标和 BI 指标两类。底栖、两栖动物的监测指标是完整评价水环境变化的重要指标。

5. 生物传感器监测技术

生物传感器监测技术借助传感器自动捕捉和识别信号，用以监测部分生物有机体做出的应急响应。生物有机体的应急响应能够反映水环境污染变化情况，可作为指示水环境污染的应急电信号。电信号是间接测量和评价水环境中污染物浓度的重要依据，监测到的电信号结合有机体 DNA 重组技术对生物进行更加深入的研究，来了解生物体中携带的毒素及含量，获得更加全面、细微的水环境污染指标。

（四）应用前景分析

生物监测技术在水环境工程中可以发挥监测水环境污染动态、预测污染发展情况、降低水环境监测成本、提高水环境监测效率和质量的作用。它的应用优势及其作用决定了其在未来有广阔的市场前景。未来，水环境监测将广泛面向水环境展开，提高水环境污染的监测和保护水平。微生物监测技术成本低、易操作、毒性小、适用范围广，而且能进行实时监测，根据监测结果可以预测未来的污染情况。对水环境的监测是水环境污染治理的必然条件。未来，随着生物监测技术水平的提升，生物监测技术将应用到解决更加复杂的水环境系统问题中。它能为环境治理提供客观、精准的治理依据，在复合污染严重的水环境综合治理中发挥更加重要的作用。

水资源作为所有生物赖以生存的生命源泉，对人类社会的可持续发展意义重大。为了人类社会的可持续发展，人类必须加强水环境保护及污染控制，构建和维护长期的水生态平衡状态。生物监测技术是监测水环境生物安全性必不可少的技术。微生物群落监测技术、生物行为反应监测技术、发光细菌监测技术、底栖和两栖动物监测技术、生物传感器监测技术能够为水环境工程中水体的微生物、两栖动物、底栖动物的动态监测提供技术支撑，同时能够监测水体中的非金属无机物及其他污染物，了解生物的生存状态及其安全性，为水环境生物保护及污染治理提供依据。

四、等离子气化技术用于固体废物处理的研究

（一）简述

人口的不断增长和经济的快速发展导致固体废物的产量迅速增加。据估计，到2050年，全球固体废物产量将达270亿吨。固体废物具有来源广、品种多、数量大、组成复杂等特点，在自然界中会发生化学和物理变化，会对土壤和水质产生潜在破坏，最终危及生态环境和人类健康。

首先，土壤是固体废物倾倒的主要场所，固体废物中的重金属、有机污染物和其他有毒元素在土壤中的不断积累会对土质和植被造成破坏；其次，将海洋、湖泊作为固体废物的排放地，会直接污染水体，造成水体生态的失衡，不利于水体生物的生长和繁殖；最后，飞灰等危险固体废物含有大量的氯、重金属、可溶性盐等有害物质，会直接对环境造成危害。

常见的固体废物处理方法主要包括填埋、固化封装、焚烧、热解、生物堆肥等，但这些处理技术在实际应用中存在诸多问题。例如，填埋法会占用土地资源，产生的浸出液还会导致严重的污染问题；焚烧工艺易产生重金属等毒性物质；而堆肥处理速度缓慢，同时也会对空气造成污染。总之，这些处理工艺在实际应用中大多存在着处理量小、二次污染大和资源浪费等多种弊端。自20世纪80年代以来，许多研究者致力于环境友好型固体废物处理技术的深入研究，并提出了一系列成熟的技术思路，如光氧化技术、热解技术和热等离子气化技术等。其中，热等离子气化技术具有高温、高焓值、高反应活性、可控性好等优点，为固体废物的无害化、减量化和资源化处理开辟了新途径，对经济的可持续发展具有十分重要的现实意义。

（二）等离子气化技术

等离子体是由电子、离子和中性粒子组成的物质的第四态，具有化学性质

活泼、高温和高能量密度等特殊的物理化学性质。目前，等离子体技术在机械加工、冶金、化工和表面处理等领域得到了广泛应用，而在固体废物的处理方面，等离子气化技术的研究也在不断深入。这种技术对固体废物的处理利用了等离子体的高温、高能量、高焓值的属性。等离子炬是使废物气化的能量来源之一，电极间的放电将气体介质电离，产生高温电弧，高温电弧加热流过的气体介质，会产生高温、离子化和传导性的等离子体，等离子体火焰的温度一般在 4000 ～ 7 000 摄氏度，最高可达上万摄氏度，这为固体废物热解成简单的原子提供了所需的能量。在高温条件下，固体废物中的无机成分熔融，经急冷固化成玻璃体，可用作建筑材料，有机成分被分解成合成气（主要成分为一氧化碳和氢气）直接燃烧处理，或作为优质燃料以及用于化学合成工业，气化过程中的等离子体能够加热合成气至 1 200 ～ 1 300 摄氏度的高温，可以将复杂的有机物质彻底分解成简单的小分子物质，避免了二噁英和呋喃等有毒物质的产生。

（三）等离子气化固体废物的应用

根据成分特性，固体废物可简单分为城市废物、危险废物和工业废物。城市废物指城市日常生活中产生的各种废弃物；危险废物包括放射性废物、飞灰和医疗废物等；工业废物则是工业生产中生成的废物，如冶金矿渣和化工废物。

1. 城市固体废物的处理

城市生活废物成分复杂，包括金属、玻璃和塑料等各种废弃物，而且有机物在其中占有很大比重。由于具有高热值、不易运输和难储存等特点，这些废物可被制成垃圾衍生燃料（RDF）来实现高效的等离子气化处理。阿贡等利用单极等离子体气化技术将 RDF 转化为合成气，如图 4-1 所示。该装置的主要部件包括料斗、流化床反应器、泥渣收集器、淬火室和燃烧室。该反应器体积为 0.22m^3，并涂有特殊耐火材料，厚度为 400mm 的绝缘材料将反应器的内壁与水冷的外墙隔开，以减少反应器的热损失。反应器的温度由外置的热电偶进行测量，为了防止耐火涂层被破坏，反应器在实验之前预热至大约 1 200 开的温度，再用等离子体炬进一步加热。等离子体炬安装在反应器的顶部，炬的阳极是一个旋转的水冷铜盘，位于电弧室外部，这种结构产生的氧、氢、氩等离子体射流，具有高电弧电压、高等离子体温度和高等离子体速度等特性。废料经变速螺旋进料器添加到流化床反应器中，产生的合成气通过气化炉上方的出口进入淬火室中，随后通过滤袋过滤固体颗粒后在燃烧室中进行燃烧处理。

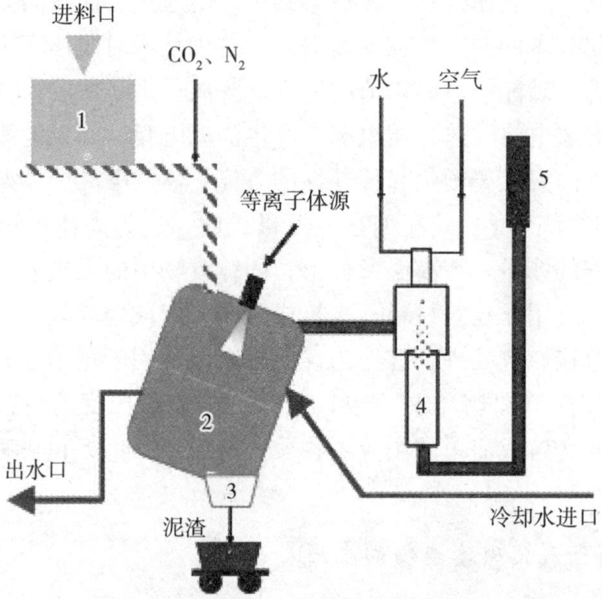

1—料斗；2—反应器；3—泥渣收集桶；4—淬火室；5—加力燃烧室。

图 4-1　反应器示意图

该气化系统具有很高的处理效率，实验结果表明碳转化效率为 80% ～ 100%，最大气化效率达 95%。与双极等离子气化系统相比，单极反应器产生的合成气质量更高，但双极等离子气化系统在玻璃化炉渣等固体残留物的回收方面更占优势。

苏里希等将一个 10 千瓦的射频等离子体反应器用于气化城市固体废物中的生物质废料。通过机械预处理工艺，将生活垃圾、木材制成混合废料，并以此为处理对象，研究射频等离子体炬气化废物的可行性和操作性能。结果表明：该设备对废物的处理迅速，90% 的气体产物在 2 分钟内生成，合成气的产率为 88.59% ～ 91.84%，无机成分在处理过程中转化为不可溶的无害玻璃熔岩。

2. 危险废物处理

核反应堆、医院、工业生产和研究机构会产生大量低放射性废物，这些低放射性废物由于体积庞大而难以储存运输，长久存放或处理不当会对人体安全产生隐患。为便于放射性废物的运输、存放和处理，巴西核动力研究机构研发了一种用于缩减放射性废物体积的等离子气化反应器。该装置将空气作为工作气体，将石墨电极固定在机械臂中作为放电阴极，根据废物的特性，设计一个碳基复合材料坩埚，将样品与反应器的处理室连接，避免反应器底部的熔化池干扰废渣的收集，而且碳基复合材料坩埚充当阳极，通过气体密度瓶密度分析法测量等离子气化处理前后废物的质量、密度和体积的变化。结果表明，石墨电极产生的等离子体电弧处理放射性固体废物具有很大的应用潜力。与常规压缩放射性废物的方法相比，经过 30 分钟的热等离子体处理，废物的体积减小系数达到 1：99。因此，该技术可以安全、高效地对放射性废物减容。

特里乌诺维奇（Trnovcevic）等使用高频微波发生器驱动的微波等离子体对放射性废物进行固化处理。经微波等离子体高能效处理，玻璃颗粒和放射性废物熔化成非晶物质，其中放射性物质被固化在玻璃体中，从而形成稳定、不可浸出的玻璃化产品，降低了放射性废物对周围环境的污染。

医疗废物中含有化学品和废弃医疗设备等多种危害物，毒害程度不亚于放射性废物，在含碳有害废物中占有特殊地位。图 4-2 为 Messerle 等研制的用于将医疗废物在高温下转化为简单稳定的物质的直流等离子体废物处理装置。该装置由电源系统、等离子控制系统、等离子体反应器和废气净化系统组成。反应器呈立方体，如图 4-3 所示，内衬由耐火材料制成，厚度为 0.065m，内侧面积为 0.45m²，体积为 0.091m³，配备 76kW 直流等离子体炬，形成的等离子体流速达 600L/min，等离子体火焰温度高达 5 000K，能够为反应器提供 1 700K 的高温。医疗废物通过进料口添加到废物气化区，气化生成的二噁英、呋喃等有毒物质在 383 810K 的高温下彻底裂解成小分子物质，其他气态产物在冷却装置中冷却，然后在气体清洁单元中过滤洗涤，而熔渣产物则积聚在反应器底部的炉渣形成区中。

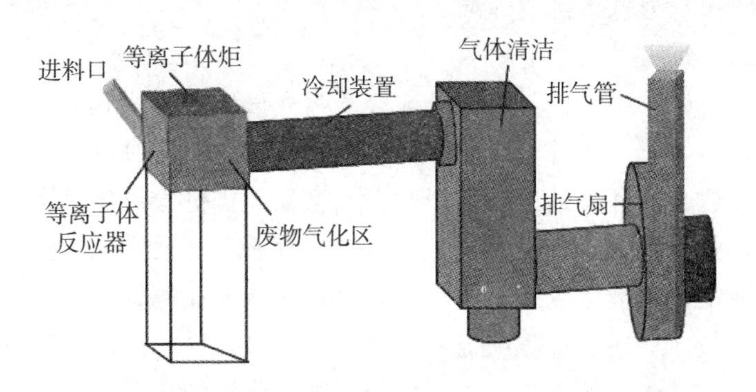

图 4-2　等离子气化医疗废物装置示意图

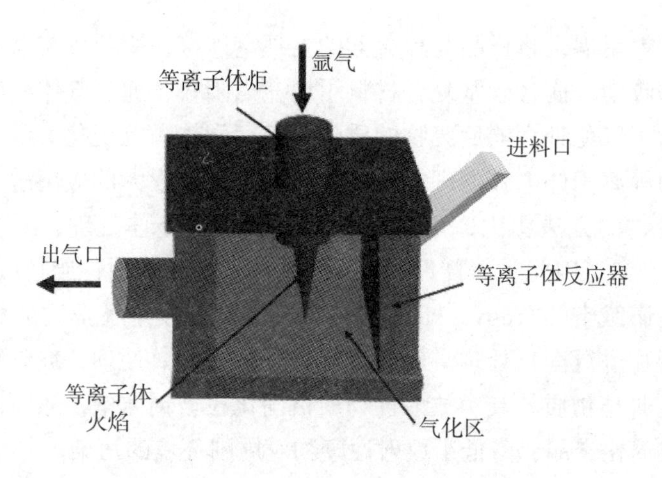

图 4-3　等离子气化反应器示意图

该装置的能源转化率较常规焚烧更高，最终的处理产物主要为高热量的合成气和中性炉渣等无害物质，尾气经过清洁后毒害大大降低。此外，等离子体产生的高温破坏了废物潜在的致病结构，实现了医疗废物的无害化处理。

飞灰中含有铜、铅和铬等多种重金属物质，等离子体处理可以实现飞灰体积的减容，从而降低重金属物质对环境的污染。有学者利用直流等离子体电弧对飞灰玻璃化处理，将飞灰置于石墨坩埚中，通过石墨盖中孔对其加热，在处理过程中，飞灰转化为玻璃化渣体，二噁英在紫外线辐射和电弧的热量下分解成无害的小分子物质。结果表明，经等离子体处理后，飞灰体积减小率为68.7% ~ 82.2%，质量减少率为23.8% ~ 56.7%，同时，飞灰含有的重金属经过玻璃化后浸出量远低于排放标准。

3. 工业废物处理

在工业生产过程中，不可避免地会产生大量的残留物和废弃物如矿渣、电镀污泥和金属及非金属碎屑。由于这些固体废物含有较高的重金属，长期的积累和不当存放会对环境造成不良影响，亦会对人类健康产生危害。使用氢等离子体熔炼还原铁矿石，研究还原过程中炉渣的形成和氧化铁的还原行为发现，相较于其他钢铁制造工艺，氢等离子体对氧化铁的还原处理能够有效降低二氧化碳的排放量。在还原过程中，氢气可被视为氧化铁的还原剂，氢的利用率会随着液态渣中氧化铁的含量减少而降低，则氧化铁的还原速率与等离子态下氢的种类有关，其中离子化的氢（H^+）是最强的还原剂。

研究者研制了一种低功率转移弧等离子炬，利用其高能量密度、高温和快速淬火等特点对锆石进行分解。如图 4-4（a）所示，炬由一个充当阳极的石墨坩埚（直径为 70mm，高度为 100mm）构成，阳极的顶面直径为 60mm，底面直径为 40mm，底部连接电源的正极。锆石原料置于阳极坩埚中，通过阴极尖端和石墨阳极之间产生的等离子弧对坩埚中的锆石原料进行分解处理。研究发现，等离子体炬的功率和加工时间显著影响锆石的解离程度和产物纯度，与空气作为工作气体相比，氩气能够显著提高锆石解离百分比。

电镀工业产生的电镀污泥含有多种重金属元素如铬、铁、镍、铜，是一种复杂而低结晶的混合物，具有水溶性高、易流失和不稳定的特点。传统的活性炭惰性化处理能够使电镀污泥呈惰性稳定，但无法起到减容的效果。近年来，等离子体技术被广泛用于电镀污泥的无害化处理，该技术可以把电镀污泥转化为惰性渣。图 4-4（b）和图 4-4（c）所示为两种处理电镀污泥的等离子体炬反应器，分别为非转移弧等离子体炬和转移弧等离子体炬，通过向电镀污泥中掺入玻璃颗粒，污泥中的金属锌、铬、铁和二氧化硅化学键合成后生成惰性产物。对比电镀污泥处理和浸出测试结果发现，直流转移弧等离子炬在电镀污泥的惰性化处理方面表现出更高的效率。

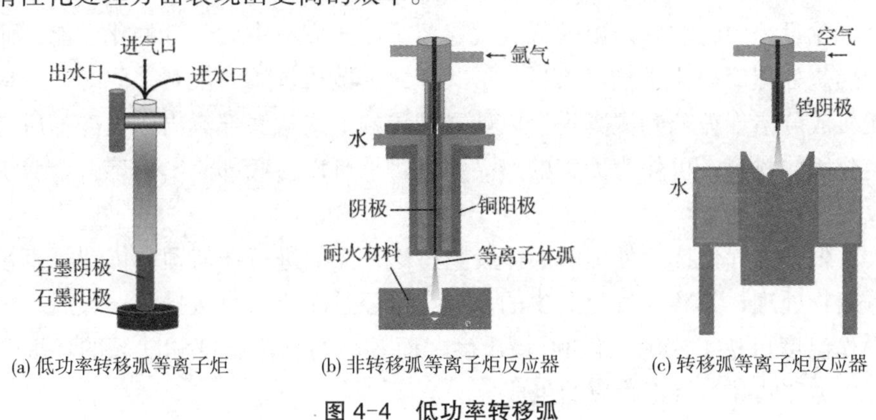

(a) 低功率转移弧等离子炬　(b) 非转移弧等离子炬反应器　(c) 转移弧等离子炬反应器

图 4-4　低功率转移弧

五、等离子气化技术研究现状

国外等离子体固体废物处理技术起源于 20 世纪 60 年代，但限于设备的高技术和高成本等原因，多用于低放射性废物和医疗废物等危害品的处理。自 20 世纪 90 年代开始，随着技术的不断完善和装置成本的降低，该技术逐步涉及其他固体废物的处理。目前，国外等离子体废物处理技术已经取得巨大进展，有的开始商业化运行，有的正处于形成产业化的阶段。

美国有许多技术成熟且商业运作的等离子体技术公司，如西屋等离子体公司（后被加拿大 Alter 公司收购）、Phoenix Solutions 公司和 Startech 公司。其中，以西屋等离子体公司最具代表性，该公司几十年来一直从事生活垃圾、污泥和废旧物品的处理研究，具有丰富的等离子气化废物的经验。自 2000 年开始，西屋等离子体公司在全球推广其气化处理技术，目前已有四个成功运营的案例，同时在日本建立了规模达 220 吨 / 天的城市生活垃圾等离子体处理厂。

整个等离子体气化系统主要包括等离子气化炉和等离子炬。等离子炬由一对管状水冷铜电极组成，通过中间的通孔引入载气。直流等离子炬的使用既提高了气化炉内的温度，又能将其他无机废物转变成玻璃化渣体。气化过程主要包括四个工艺段：废物气化、等离子体处理、合成气净化和熔渣处理。将城市固体废物通过位于气化炉顶部的进料系统投入气化炉后，在氧化剂（氧气和水蒸气）和高温下分解生成合成气。随后，这些在气化过程中产生的粗合成气和熔渣落入下部的等离子体处理区，粗合成气在极高的温度下转化为精炼合成气，并从气化炉顶部引出，冷却后通过净化装置消除其中的空气污染物。最后，所有的无机熔渣逐渐下沉至底部形成支持床层，随后通过排渣口排出。在整个气化过程中，炉内产出的合成气保留了原始废料中大部分的化学能，而传统的燃烧处理使得化学能以热量的形式释放，造成资源的浪费。同时，废料中的无机成分诸如玻璃和混凝土会以熔融炉渣的形式从底部流出，经冷却后得到玻璃化固体材料，可作为无害的产品销售，也可以与底部流出的熔融金属统一回收并进一步纯化。

首先，该气化技术处理的固体废物广泛，无须进行任何预分拣即可直接对固体废物处理；其次，气化产生的合成气可经过净化后直接排放；最后，炉内的操作温度可达 1 200 ～ 1 500 摄氏度，而较高的汽化温度和缺氧的环境避免了二噁英和呋喃等有毒物质的生成。

第三节　基础设施建设对环境污染的整治与防控

基础设施主要包括交通运输、机场、港口、桥梁、通信、水利及城市供排水供气、供电设施和提供无形产品或服务于科教文卫等部门所需的固定资产。它是一切企业、单位和居民工作和生活的物质基础，是城市主体设施正常运行的保证，既是物质生产的重要条件，也是劳动力再生产的重要条件。城市基础设施是城市生存和发展所必须具备的工程性基础设施和社会性基础设施的总称，是使城市中为顺利进行各种经济活动和其他社会活动而建设的各类设施的总称。它对生产单位尤为重要，是其达到经济效益、环境效益和社会效益的必要条件之一。基础设施建设具有为社会生产和居民生活提供基础性和先行性的本质特征，一方面为社会提供公共物品，另一方面为发展经济、改善生活质量、改善生态环境提供重要保证。科学合理地进行基础设施建设，能够在一定程度上减少生态环境污染，进行有效防控。

一、改造交通体系是减少城市空气污染的重要途径

近 30 年来，随着国民经济的快速发展，人口不断增长，城市区域不断扩大，私家车数量急剧增加，道路的有限性与汽车生产的无限性产生了尖锐的矛盾，由此造成环境污染、能源过度消耗等一系列问题，给我国各城市的可持续发展带来了严重影响。参考世界各发达国家城市交通体系的建设经验，加快发展城市轨道交通系统成为改善城市空气质量的重要手段。

城市大气中 90% ～ 95% 的铅和一氧化碳，以及 60% ～ 70% 的氮氧化物、氮氢化合物均来自机动车尾气。机动车尾气排放的污染物已占城市大气污染物排放量的 70% 以上，成为大气污染的主要来源。而城市地下轨道交通无任何废气的排放，大力发展城市地下轨道交通，能够有效解决城市日益严重的空气污染问题。在所有的交通工具之中，地铁已成为最为节能环保的一种出行方式，轨道交通低耗能、零排放的特点使城市交通的“绿色”更浓。地铁的综合能耗仅为普通汽车的约 5%，如果运送相同数量的乘客，轨道交通汽车节省能耗 90% 以上。

城市轨道交通采用电气牵引，与公共汽车相比，不会产生废气污染。城市轨道交通的发展还能减少汽车的出行量，进一步降低汽车的废气污染，且由于其在线路和车辆上采用了各种降噪措施，一般不会对城市环境产生严重的噪声污染。

二、排水系统和污水处理设施建设是减少水体污染的关键

城市排水系统是现代城市为了避免水灾危害发生而建设的用以收集、输送和处理污水的一整套工程设施，是城市公用设施的组成部分。完善的城市排水工程能够很好地保障人们的健康与生活。

城市排水系统通常由排水管道和污水处理厂组成。在实行污水、雨水分流

制的情况下，污水由排水管道收集，送至污水处理厂后，排入水体或被回收利用。城市排水系统规划的任务是使整个城市的污水和雨水顺畅地排泄出去，将潜水处理达标，达到环境保护的要求。规划的主要内容包括估算城市排水量、选择排水制度、设计排水管道、确定污水处理方法和选择城市污水处理厂的位置等。国内城市的排水设施建设显得十分薄弱，工程中暴露出许多矛盾和问题。

城市排水系统的设置可分两种基本类型：分流制和合流制。分流制设置污水和雨水两个独立的排水管道系统，分别收集和输送污水和雨水。工厂排放的比较洁净的废水（如冷却水）可直接被收集送入雨水管道系统。而合流制只有一个排水管道系统，污水和雨水合流。为处理合流制中的污水，需另外设置污水截流管。平时，污水通过截流管被送入污水处理厂；雨天，超过截流管输送的雨水和污水混合，通过溢流井溢入水体。从环境保护、防止水体污染方面考虑，分流制比合流制好。

城市排水系统的布置有以下几种形式：①正交式布置。各排水流域的干管以最短距离沿与水体垂直相交的方向布置，适用于地势向水体倾斜的地区。②截流式布置。沿低边再敷设主干管，并将各干管的污水截流送至污水厂。③平行式布置。为了避免干管坡度过高而导致管内流速过大，使管道受到严重冲刷或跌水井过多，将干管与等高线及河道基本平行，主干管与等高线及河道成一倾斜角敷设，适用于地势向河流方向倾斜较大的地区。④分区布置形式。分别在高地区和低地区敷设独立的管道系统，高地区的污水靠重力作用直接流入污水厂，低地区的污水被水泵抽送至高地区干管或污水厂。⑤辐射状分散布置。指当城镇中央部分地势高，且向周围倾斜，四周又有多处排水出路时，各排水流域的干管常采用辐射状分散布置。这种布置便于污水灌溉。⑥环绕式布置。沿四周布置主干管，将各干管的污水截流送往污水厂集中处理。

污水处理系统是城市的重要基础设施之一，也是防止水污染、改善城市水环境的重要方式。我国解决城市污水的净化问题始于 20 世纪 70 年代。一些城市将郊区的坑塘洼地、废河道、沼泽地等稍加整修或围堤筑坝，建成稳定塘，对城市污水进行净化处理。据调查，这个时期全国建成各种类型的稳定塘 38 座，日处理城市污水约 173 万 m^3，其中生活污水占 50%，其余包括石油、化工、造纸、印染等多种工业废水。此阶段开始重视引进国外先进技术和设备，开展与国外的技术交流，逐步探索适合我国国情的工程技术和设计，为之后的建设奠定了基础。

三、新型基础设施建设对环境污染的防控效应与作用机制

随着物联网、云计算和大数据等新兴技术的高速发展，全球迎来新一轮技术变革，以信息技术为代表的新型基础设施建设（简称“新基建”）成为高质量发展的新风口。目前，中国经济总量已突破100万亿大关，在新常态背景下，单靠传统产业拉动经济增长已不现实，应着眼于经济社会系统的可持续发展。《中华人民共和国国民经济和社会发展第十四个五年规划和2035年远景目标纲要》明确指出，“工业、建筑、交通等领域和公共机构节能，推动5G、大数据中心等新兴领域能效提升”。新基建在主体、客体、建设理念等方面均有着生态友好的特征属性，瞄准更加绿色、更加生态、更加现代的时代发展目标。新基建将成为未来美丽中国建设和经济高质量发展的主要方向，同时也是推进绿色产业转型的重要助力。

基础设施生态化是生态文明对新一代城市基础设施建设的时代要求。20世纪70年代以来，国外学者将绿色投资作为社会投资重要理念，从生态学角度强调基础设施的环境友好性，形成“绿色基础设施”概念。国内学者则在国外研究基础上进行丰富与完善。2008年金融危机爆发后，国内学术界开始新一代城市基础设施建设的讨论，不过他们主要是从新基建具体内容展开，如智能化的绿色发展体系、智慧城市建设的环境效应、大数据的绿色特征、智能制造的环境资源约束作用、人工智能技术与绿色发展融合、高铁或轨道交通的减排效应。2018年，新基建概念首次正式出现于政府工作报告；2020年新基建成为提振经济的重要手段之一，国家发改委明确了新型基础设施的范围，新基建成为国内学术研究热点，相关研究集中于内涵的阐释、挖掘和经济高质量发展的影响两个领域。国内学者主要从新基建的概念、类别、功能、路径等展开讨论，不断加深对新基建的认知。讨论主题围绕经济高质量发展的影响，主要包括新基建的产业转型作用、技术扩散效应、经济周期效应、投资乘数效应等内容的研究。

降低工业污染排放是提升生态环境质量的关键环节，关系人民福祉，关乎美丽中国建设全局。在保持经济持续增长的前提下，2020年以来全国各省（区、市）加快布局“新基建”，绿色产业转型进程也在如火如荼地推进，探索一条经济效益高、推广意义强、着眼于未来可持续的绿色发展新路径意义重大。新基建的价值不仅在“建”，更胜在“用”。如何用好新基建，让它为环境污染防控助力，是绿色转型发展亟待解决的时代命题之一。那么，以信息技术为核

心的新基建对工业污染排放到底会产生怎样的影响？其中内在机制如何？这都是值得深入探讨的现实问题。本部分拟以工业规模扩张效应和工业技术进步效应为切入点，运用广义空间两阶段最小二乘法 (GS2SLS) 和逐步回归法，深入探析信息、融合和创新基础设施的环境污染防控的强弱及其传导路径。

本部分主要应用假设与论证的方式说明新型基础设施建设对环境污染的防控有一定的效果。

（一）理论与假设

绿色基础设施在生态文明建设中具有重要作用，能够缓解甚至有效解决城市工业污染问题。结合新发展理念和外部性理论，本部分提出了新基建减排效应的基本内涵，认为新基建可通过提升工业经济规模和促进工业技术创新，在不同程度上影响工业污染排放强度。具体思路如图 4-5 所示。

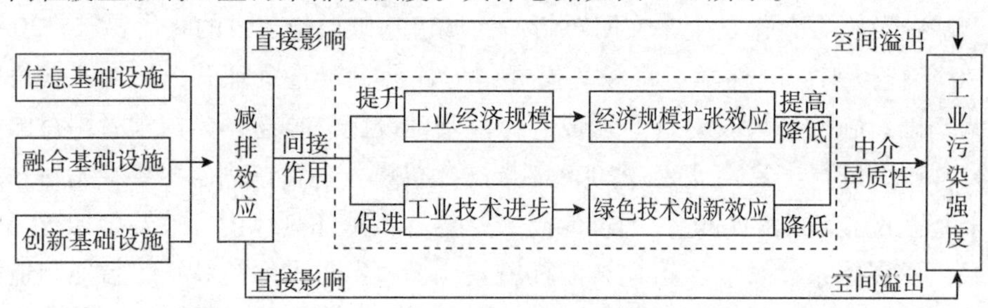

图 4-5　新基建减排效应内在机制

1. 新基建的减排效应

新基建在主体、客体、建设理念等方面均体现出生态友好属性，对于人类社会系统，新基建瞄准更加绿色、更加生态、更加现代的时代发展方向。其中，市场发挥着主导作用，社会资本广泛参与其中，跨学科知识、清洁化技术以及先进管理方式被综合应用于农业、建筑、能源、消费、生产、交通等多个产业领域，绿色化和智能化赋能消费、建筑、生活、城市和金融等形成新业态、新模式与新场景，成为支撑我国绿色发展体系的主要动力。在产业发展过程中，工业互联网、区块链、5G、人工智能和数据中心等信息基础设施的集中布局，通过赋能型技术的规模化应用，对传统产业运营模式产生全链条、全方位的“颠覆性”改造，延展工业价值链的后端增值环节，从而实现生产关系和产业价值链的全面重塑。

假设 1：新基建能够抑制工业环境污染，且信息、融合和创新基础设施的抑制作用逐渐增强。

2. 经济规模看扩张效应

大推进理论认为，基础设施能够通过就业条件改变和生产效率变化对经济社会发展产生正外部性影响，打破制约发展中国家发展的瓶颈。林毅夫在谈到新农村建设时，主张通过加大农村基础设施投资推动新农村建设。可以看出，国内外学术界一致认为基础设施建设有利于经济增长。新型基础设施源于传统基础设施（简称“老基建”），但又不同于老基建，它主要针对信息流和资金流，投资回报期更短，市场主导性更强，存量提升效率更高，投资乘数效应更强，能够更好地代表经济高质量发展方向。

不过，经济增长与生态环境的关系尚未明确。一些学者普遍认为，我国经济增长对环境污染的影响符合环境库兹涅茨曲线左半段，且大部分区域距离拐点仍然较远。一些学者认为高增长不一定导致高污染，工业规模扩张带来规模经济，大幅提升生产效率，加速生产分工趋于专业化和合理化，生产集约效应使能源和资源消耗量明显降低，抑制环境污染。还有一些学者认为，经济增长与环境污染的关系在很大程度上取决于地区及污染指标的选取，具体可能会呈现倒 U 型、N 型、U 型、单调递增或单调递减等多种形态。由此，本文提出以下假设：

假设 2a：新基建通过提升工业企业经济规模加剧了工业污染排放；

假设 2b：新基建通过提升工业企业经济规模抑制了工业污染排放。

3. 工业技术进步效应

新基建是代表新一轮科技和产业革命的城市基础设施建设，它不仅是资本的体现，还是一种技术的存在。在技术方面，新基建更具规模效应和自然垄断性质，这也是节能减排的重要技术路径，反映了技术创新如何减少能源消耗和污染排放的问题。随着信息化和工业化的融合发展，以环保产业为代表的绿色技术创新带来生产工艺的改进，能源消耗限制和能源消费的偏向性选择倒逼能源消费结构向节能降耗模式发展，对本地区污染物排放产生负效应，实现生态环境高水平保护。

此外，在“干中学”效应推动下，新基建会带来绿色技术溢出，工业企业组织通过内部学习和跨区技术合作，以逆向工程、反求工程等方式把显性的知识技能转化为个体隐性知识，然后经归纳总结形成具有绿色技术原理和规律的显性知识，最后对技术进行改进优化，推动节能减排。由此提出如下假设：

假设 3：新基建通过增强工业企业技术降低本地区和邻近地区工业污染排放。

（二）模型、指标测算与数据处理

1. 模型设定

（1）空间自相关检验。工业污染具有流动性、扩散性和区域性特点，因此在模型设计时有必要考虑空间因素，而在进行空间计量前，需要进行全局空间相关性检验，讨论工业环境污染的聚集程度和空间溢出效应。具体公式如下：

$$\text{Mmoran's } I=\frac{\sum_{i=1}^{n}\sum_{j=1}^{n}w_{1ij}\left(x_{i}-\bar{x}\right)\left(x_{j}-\bar{x}\right)}{\sum_{i=1}^{n}\left(x_{i}-\bar{x}\right)^{2}\sum_{i=1}^{n}\sum_{j=1}^{n}w_{ij}} \tag{4-1}$$

式中，w_{1ij}为空间邻接矩阵，当区域 i 与区域 j 相邻时，$w_{1ij}=1$；当区域 i 与区域 j 不相邻时，$w_{1ij}=0$。

（2）空间计量模型。根据前文的分析与假设的思路，本文拟分析新基建对工业污染排放的关系。事实上，新基建对污染排放的影响应当包括直接影响和间接空间溢出效应，学术界普遍关注基础设施对工业环境的直接效应，忽视了对邻近区域的空间溢出。因此本文将空间因素引入基准回归模型，运用广义空间最小二乘法 (GS2SLS) 和逐步回归法先检验两者是否存在非线性关系。此外，新基建可能在不同阶段对工业环境污染往往存在滞后性和异质性作用，本文将核心解释变量设置为滞后 1 阶，并引入新基建的二次项和三次项来分析与工业污染排放强度的非线性关系更为合理，选择各解释变量及其空间滞后项作为工具变量。具体模型如下：

$$\ln P_{it}=\gamma_{1}w_{2}\ln P_{it}+\alpha_{1}\ln I_{ijt-1}+\alpha_{2}\ln I_{ijt-1}^{2}+\alpha_{3}\ln I_{ijt-1}^{3}+\sum_{k=1}^{n}\beta_{k}\ln X_{ikt}+\varepsilon_{it} \tag{4-2}$$

式中，$\ln P_{it}$表示 i 地区 t 时期经对数化处理的工业污染排放强度，表示$\ln I_{ijt}$地区在 t 时期 j 方面的经对数处理后的新基建水平；$\ln X_{ikt}$为 i 地区在 t 时期第 k 个经对数化处理后的控制变量；$\mathcal{E}_{it}$为随个体与时间而改变的扰动项；w_{2} 为空间权重矩阵，考虑到互联网、信息技术的深度发展，突破了距离的限制，是经济转型升级和绿色发展的支点力量，因此本文采取经济矩阵，用省际人均 GDP 年绝对差额倒数表征；α、β 和 γ 分别为相关估计系数。

（3）中介模型。为了进一步考察外部因素如何通过新基建影响省际工业污染排放差异，构建中介效应模型。

$$\ln \mathrm{Med}_{int} = \eta_1 w_2 \ln \mathrm{Med}_{int} + \alpha_{11} \ln I_{ijt-1} + \alpha_{12} \ln I_{ijt-1}^2 + \alpha_{13} \ln I_{ijt-1}^3 + \sum_{k=1}^{n} \beta_{1k} \ln X_{ikt} + \varepsilon_{1it} \tag{4-3}$$

$$\ln P_{it} = \gamma_2 w_2 \ln P_{it} + \eta_2 \ln \mathrm{Med}_{int} + \alpha_{21} \ln I_{ijt-1} + \alpha_{22} \ln I_{ijt-1}^2 + \alpha_{23} \ln I_{ijt-1}^3 + \sum_{k=1}^{n} \beta_{2k} \ln X_{ikt} + \varepsilon_{2it} \tag{4-4}$$

式中，$\ln \mathrm{Med}_{int}$表示 i 地区在 t 时期第 n 个经对数化处理后的中介变量。

2. 变量选取

（1）核心被解释变量：环境污染强度（P）。本文综合工业 SO_2 排放量、工业废水排放量和工业固体废物产生量构建污染排放的综合指数，其测算方法如下：

$$P_{lit}' = \frac{P_{lit}}{\frac{1}{n}\sum_{i=1}^{n} P_{lit}} \tag{4-5}$$

$$P_{it}' = \frac{1}{3}\sum_{l=1}^{3} P_{lit}' \tag{4-6}$$

式中，P_{lit}表示 i 省（区、市）第 t 年第 l 种污染物与工业增加值的比值，P_{lit}'为 i 省（区、市）第 l 种污染物在全国所占份额，这是一个无量纲的变量，本文通过加权平均的方法，归一化处理得到 i 省（区、市）综合环境污染强度P_{it}'。

（2）核心解释变量：新型基础设施建设（I）。新基建具体包括信息基础设施、融合基础设施和创新基础设施三大类。

本文认为，信息基础设施是前提，融合基础设施是关键，创新基础设施是重点，三者层层递进、环环相扣，是一个相互联系、相互交融、不可分割的有机整体。其中，信息基础设施主要涉及新一代信息技术服务方面的投入，参考尚文思的研究，本文使用信息传输、软件和信息技术服务业固定资产投资占全社会固定资产投资比重表征；融合基础设施是深度应用数字信息技术，支撑老基建转型升级，综合伍先福等、姜卫民等的研究，在信息基础设施的基础上加入交通运输业以及电力、热力的生产和供应业、水利管理业等老基建固定资产投资占全社会固定资产投资的比重进行联合表征；创新基础设施指支撑科学研究、技术开发、产品研制的基础设施，是前沿科技创新突破的基石，将科学研究和技术服务业以及卫生和社会工业固定资产投资占全社会固定资产投资比重

加入融合基础设施指标

为便于下文实证分析参考，承接上文表征方式和开启下文测算，表 4-1 展示了 30 省（区、市）统计期内的信息基础设施（I_f）、融合基础设施（I_t）和创新基础设施（I_n）的均值。从中可知，经济较为落后的中、西部地区新基建强度更高，如新疆、山西、宁夏、内蒙古，而经济较为发达的东部沿海地区新基建强度较低，原因可能在于东部沿海地区经济依附使产业转型困难重重，而中、西部地区主动淘汰传统产业，敢于断尾求生，不断优化产业结构。

4-1 各省（区、市）信息、融合与创新基础设施均值

地区	信息基础设施	融合基础设施	创新基础设施	地区	信息基础设施	融合基础设施	创新基础设施	地区	信息基础设施	融合基础设施	创新基础设施
北京	0.030	0.069	0.082	浙江	0.018	0.074	0.078	海南	0.025	0.118	0.122
天津	0.016	0.116	0.127	安徽	0.013	0.077	0.084	重庆	0.015	0.068	0.071
河北	0.013	0.089	0.099	福建	0.023	0.099	0.102	四川	0.018	0.114	0.118
山西	0.020	0.288	0.291	江西	0.016	0.057	0.062	贵州	0.030	0.205	0.208
内蒙古	0.023	0.252	0.257	山东	0.008	0.075	0.086	云南	0.025	0.176	0.179
辽宁	0.013	0.097	0.105	河南	0.013	0.086	0.091	陕西	0.017	0.142	0.155
吉林	0.017	0.107	0.117	湖北	0.017	0.084	0.090	甘肃	0.018	0.184	0.190
黑龙江	0.032	0.187	0.199	湖南	0.017	0.076	0.086	青海	0.021	0.236	0.240
上海	0.023	0.064	0.070	广东	0.027	0.099	0.105	宁夏	0.022	0.254	0.258
江苏	0.017	0.059	0.068	广西	0.023	0.102	0.107	新疆	0.020	0.296	0.301

（3）中介变量。①工业经济规模，以规模以上工业企业增加值与工业企业城镇就业人数的比值（万元 / 人）为表征，并以 2003 年工业出厂价价格指数平减；②工业技术进步，选用规模以上工业企业研究与试验发展人员全时当量（万人 · 年）作为绿色技术进步效应的代理变量。

（4）控制变量。本文选定以下变量来控制模型：①工业税收比重，用工业企业税收收入占全行业税收比重来表征；②贸易开放度，用进出口总额占 GDP 的比重表征；③产品流转效率，用货物周转量总计（万亿吨公里）来表征；④

公共交通普及率，用每万人拥有公交车辆表征；⑤城镇化率，用城镇常住人口占全社会总人口的比重来表征。

3. 数据说明

本文选择了2004—2019年30省（区、市）（考虑数据的可获得性，西藏和港、澳、台地区未包括在内）作为研究区域，相关数据来源于《中国固定资产统计年鉴》《中国工业统计年鉴》《中国环境统计年鉴》《中国城市统计年鉴》以及各省（区、市）统计年鉴和EPS数据库。工业增加值用2004年为基期的工业品出厂价格指数进行平减。

（三）实证回归

1. 空间相关性分析

工业污染往往存在显著的空间依赖特征，为了验证省际工业污染强度在地理空间上是否具有集聚性特征，本文测算了2004—2019年我国工业污染强度的莫兰指数，结果发现，所有年份工业污染强度的Moran' I 显著为正，说明省际工业污染排放强度在经济空间上存在正相关性。

2. 基准回归结果

模型选择前需要确认选择固定效应还是随机效应。通过豪斯曼检验发现，均未通过显著性水平检验，表明应该选择随机效应模型。

由模型（1）~（3）可知，空间滞后项 γ 系数显著为负，表明工业污染排放对经济水平相近地区具有空间挤压效应，在工业绿色转型作用下，本省（区、市）新基建发展对经济水平相近省（区、市）产生了技术外溢，抑制了其工业污染排放。α_3 三次项系数显著为负，显示信息、融合和创新基础设施与工业污染强度均呈现“倒N形”关系，且存在两个拐点，但难以直接确定信息、融合与创新基础设施是促进还是抑制了工业污染排放，需要比较表4-1中新基建的取值范围与表4-2拐点大小来确定。结果发现，表4-1中 I_f、I_t 和 I_n 均值均位于两个拐点左侧，信息、融合和创新基础设施在取值范围内单调递减，对应斜率恒为负，表明新基建对工业污染排放具有抑制效应。此外，计算不同新型基础设施斜率发现，信息基础设施均值斜率（-2. 249）＞融合基础设施均值斜率（-8. 023）＞创新基础设施均值斜率（-9.075），说明增加单位新基建，创新基础设施对工业污染排放的负向溢出效应最明显，融合基础设施次之，信息基础设施最弱，随着新基建程度的不断加深，新基建的减排效应不断增强，由此验证假设1的合理性。

3. 稳健性检验

为了验证空间模型稳健性，本文通过研究方法替换为空间杜宾模型和将空间权重矩阵设置为经济地理矩阵等方式进行检验。模型（1）将广义空间最小二阶段模型替换为空间杜宾模型，经过 LR 检验、LM 检验和 Wald 检验发现空间杜宾模型不会退化为空间滞后和空间误差模型，并且根据豪斯曼检验发现，模型（4）、（5）选择个体固定效果更佳，而模型（6）选择随机效应；之后，将空间权重矩阵设置为经济地理矩阵，模型（2）用经济矩阵和地理矩阵的加总权重计算，即$w_4 = 0.5w_2 + 0.5w_3$，其中，w_2为经济矩阵，w_3为空间地理矩阵，用地理反距离的倒数表征，根据豪斯曼检验结果继续使用随机效应模型。

如表 4-3 显示，α_3三次项系数均显著为负，新基建与工业环境污染的关系曲线呈“倒N形”分布，信息、融合和创新基础设施均值均位于曲线拐点左侧，对应曲线斜率小于 0，信息、融合和创新基础设施抑制工业污染排放的发生。此外，空间滞后系数ρ和空间溢出项γ_1显著均为负，说明全国范围内工业污染排放对邻近省（区、市）存在负向空间溢出效应，这与表 4-2 回归结果基本一致，表明回归结果具有稳健性。

表 4-2 基准回归结果

被解释变量	γ_1	α_1	α_2	α_3	拐点 1	拐点 2
$\ln I_f$ 模型（1）	−6.567*** （1.929）	−0.418 （0.385）	0.134 （0.093）	−0.012* （0.007）	9.250	184.960
$\ln I_f$ 模型（2）	−6.209*** （1.707）	−2.155*** （0.535）	0.941*** （0.254）	−0.110*** （0.038）	4.890	61.360
$\ln I_f$ 模型（3）	−6.458*** （1.702）	−2.439*** (0.584)	1.095*** （0.288）	−0.135*** （0.045）	4.800	46.460

注：* 表示相关性在 0.05 水平上显著；** 表示相关性在 0.01 水平上显著；*** 表示相关性在 0.001 水平上显著。（下同）

4. 机制分析

进一步引入经济规模扩张效应和绿色技术进步效应，检验新基建对工业污染排放内在机制（表 4-4 和表 4-5）。

信息基础设施能够带来工业经济规模效应。模型（10）中α_{13}系数显著为正，说明信息基础设施与工业规模扩张的关系均呈“正 N 形”曲线分布，信息基础设施的取值范围位于两条曲线拐点的左侧，显示出信息基础设施促进工业规模经济扩张。从空间滞后项来看，η_1 系数显著为正，说明本地区工业规模扩张对经济水平相近的地区还存在空间溢出效应。模型（16）中 η_2 系数显著为负，说明工业经济扩张降低了工业污染排放量，工业规模扩张带来了规模经济，推动生产集约化，促进高污染行业的治理力度和升级改造，有效降低了工业污染的排放量。不过信息基础设施与工业污染排放的回归系数不显著，直接效应不明显，说明信息基础设施与工业污染排放的工业规模经济效应属于完全中介效应。模型（11）和（12）中 α_{11}、α_{12}、α_{13} 以及 η_1 系数均未通过显著性检验，意味着不存在中介效应，融合和创新基础设施无法通过工业规模扩张作用于工业污染排放。综合来看，新基建直接通过工业经济规模扩张来降低工业污染的排放量，验证了假设 2b 的成立。

表 4-3　稳健性检验结果

方法	被解释变量	ρ	γ_1	α_1	α_2	α_3	拐点 1	拐点 2
ρ 替换空间杜宾模型	InI_f 模型（4）	−0.485*** （0.060）	—	−0.393 （1.150）	0.140* （1.730）	−0.012** （2.040）	6.283	379.910
	InI_f 模型（5）	−0.455*** （0.059）	—	−1.849*** （3.950）	0.756*** （3.500）	−0.083** （2.570）	5.459	79.438
	InI_n 模型（6）	−0.507*** （0.055）	—	−1.968*** （3.790）	0.862*** （3.460）	−0.103*** （2.690）	4.957	53.432
替换经济地理矩阵	InI_f 模型（7）	—	−13.125*** （3.863）	−0.417 （0.386）	0.133 （0.093）	−0.012* （0.007）	9.557	169.298
	InI_t 模型（8）	—	−12.408*** （3.424）	−2.155*** （0.535）	0.941*** （0.254）	−0.110*** （0.038）	4.886	61.360
	InI_n 模型（9）	—	−12.907*** （3.413）	−2.439*** （0.585）	1.096*** （0.288）	−0.135*** （0.045）	4.785	46.845

表4-4　新基建对中介环境效应影响的回归结果

被解释变量	核心变量	η_1	α_{11}	α_{12}	α_{13}	拐点1	拐点2
工业经济规模效应	InI_f模型（10）	16.484*** （4.405）	0.292 （0.221）	-0.120** （0.054）	0.010** （0.004）	4.470	667.360
	InI_t模型（11）	8.248 （6.206）	-0.286 （0.364）	0.006 （0.171）	0.006 （0.026）	0.010	39.120
	InI_n模型（12）	8.452 （6.174）	-0.260 （0.391）	-0.009 （0.190）	0.008 （0.030）	0.050	39.950
工业技术进步效应	InI_f模型（13）	—	-13.125*** （3.863）	-0.106 （0.067）	0.009* （0.005）	9.776	262.930
	InI_t模型（14）	—	-12.408*** （3.424）	-0.510*** （0.179）	0.052* （0.027）	4.514	153.117
	InI_n模型（15）	—	-12.907*** （3.413）	-0.631*** （0.203）	0.071** （0.032）	4.594	81.467

表4-5　直接效应和中介效应的回归结果

中介效应	核心变量	γ_2	η_2	α_{21}	α_{12}	α_{23}	拐点1	拐点2
工业经济规模效应	InI_f模型（16）	-58.723*** （8.628）	-0.579*** （0.081）	-0.211 （0.391）	0.053 （0.095）	-0.006 （0.007）	4.470	667.36
	InI_t模型（17）	-36.821*** （7.535）	-0.455*** （0.068）	-2.306*** （0.524）	0.944*** （0.247）	-0.107*** （0.037）	0.010	39.120
	InI_n模型（18）	-39.383*** （7.795）	-0.464*** （0.391）	-2.553*** （0.190）	1.078*** （0.280）	-0.129*** （0.044）	0.050	39.950
工业技术进步效应	InI_f模型（19）	-4.472*** （7.408）	-0.704*** （0.061）	-0.158 （0.352）	0.055 （0.085）	-0.006 （0.007）	9.776	262.930
	InI_t模型（20）	-3.008* （1.703）	-0.338*** （0.050）	-1.946*** （0.510）	0.814*** （0.242）	-0.093** （0.037）	4.514	153.117
	InI_n模型（21）	-2.921* （1.702）	-0.359*** （0.050）	-2.117*** （0.555）	0.904*** （0.273）	-0 108** （0.043）	4.594	81.467

新基建能够带来绿色技术进步效应。模型（13）～（15）中 α_{13} 系数显著为正，信息、融合与创新基础设施与工业技术进步的关系均呈“正 N 形”曲线分布，且三者取值范围位于对应曲线拐点值的左侧，单调递增，表明信息、融合与创新基础设施均显著促进工业技术进步。此外，η_1 系数显著为正，表明工业技术进步对经济水平相近的省 (区、市) 存在空间溢出效应。进一步，模型（19）~（21）中 InTech 系数显著为负，说明工业技术进步能够抑制工业污染排放。从直接效应来看，模型（19）中 α_{23} 系数未通过显著性检验，说明信息基础设施通过工业技术进步影响工业污染排放的中介效应为完全中介效应，仅通过工业技术进步的中介效应作用于工业污染排放。模型（19）和（20）中 α_{23} 系数显著为负，融合和创新基础设施为部分中介，融合与创新基础设施通过工业技术进步的中介效应作用于工业污染排放，还可以直接抑制工业污染排放，也在一定程度上解释为何融合和创新基础设施对工业污染排放的抑制效应强于信息基础设施，进一步验证假设 1 的合理性。此外，对比模型（2）与（20）、模型（3）与（21）的回归系数，并结合融合与创新基础设施取值范围，可看出，加入工业技术进步变量后，融合与创新基础设施对工业污染排放的抑制效应存在不同程度的降低。综合来看，新基建能够提升本地区和邻近地区工业的技术水平，共同降低了工业污染排放，赋能工业企业绿色发展，验证了假设 3 的合理性。

（四）结果与分析

本部分利用 2004—2019 年 30 个省（区、市）面板数据，运用 GS2SLS 和逐步回归法，以新基建的工业减排效应为空间传导路径，探析信息基础设施、融合基础设施和创新基础设施与工业污染排放强度的中介效应，发现：①新基建具有减排效应，能够显著降低工业污染排放，增加等比例新基建，创新基础设施对工业污染排放的抑制效应和空间溢出效应最明显，融合基础设施次之，信息基础设施最弱；②新基建能够带来工业经济规模扩张效应和工业技术进步效应，在一定程度上可以通过提升经济规模和推动技术进一步降低工业污染排放强度；③信息基础设施表现为完全中介效应，完全通过工业规模扩张和工业技术进步间接抑制工业污染排放，而融合和创新基础设施表现为部分中介效应，不仅通过工业技术进步间接抑制工业污染排放，还能直接抑制工业污染排放，不过工业技术进步效应在一定程度上减缓了这种直接减排效应。

由此，我们可以进一步得出两点启发。第一点是，新基建的技术创新效应是节能减排和环境保护的重要支撑和动力源泉，但新基建技术基础很不牢靠，如许多工业智能化、高端化与清洁化的技术命脉高度依赖国外跨国企业。有必要加大投入，围绕知识产权构建自主创新生态体系，突破新基建的核心技术。工业企业是自主创新的主体，企业有责任也有必要进行变革。在研究与开发方面，要持续加大对高端芯片行业的投入，高度重视一些重要的软件操作系统及其他基础软件平台建设。在技术创新活动方面，围绕新基建核心领域引进技术，通过消化与吸收形成自主知识产权以获取核心竞争力；在创新成果应用方面，不断强化工业互联网、大数据、人工智能等技术在绿色建设、清洁生产、循环利用等环节的应用，使工业活动建立在高效利用资源、严格保护生态环境、有效控制污染排放的基础上。政府作为自主创新建设的推动者，应进一步深化放管服改革。通过制定优惠财税政策、实施扶持性采购政策与创新财政补贴政策激励和引导企业自主创新，营造良好营商环境，着力提高经济发展的科技含量和质量效益。第二点是，在现有基础上进行扩大再生产比新建企业节省资金、节约资源，见效更快。扩大再生产必须要利用好现有基础，推动新基建与老基建融合发展，实现新旧动能接续转换。要推进新基建与老基建资源共享、设施共建、空间共用。充分利用老基建网络和经济要素资源，统筹新基建与老基建的空间布局和要素连接。另外，充分发挥新一代信息技术的牵引作用，提高基础创新能力。加强大数据、云计算、人工智能等先进技术在交通、能源、水利、市政等老基建领域的广泛应用，加快推进老基建数字化、智能化、绿色化升级改造，以新基建改造提升老基建，或在老基建的基础上搭建新型基础设施，实现融合创新发展。

第五章　基于可持续发展的城市生态环境

第一节　可持续发展的基本理论

一、可持续发展思想的发展脉络

20世纪以来，随着科技进步和社会生产力的提高，人类创造了前所未有的物质财富，加速推进了文明发展的进程。与此同时，人口剧增、资源过度消耗、环境污染、生态破坏等问题日益突出，成为全球性的重大问题，严重阻碍着经济的发展和人民生活质量的提高，继而威胁着全人类的生存和发展。从20世纪60年代至20世纪80年代，在经历了一系列全球性生态环境问题之后，人们开始反思传统经济发展模式为环境带来的危害，积极寻求新的发展思路和模式，即在提高经济效益的同时，保护资源，改善环境。于是，可持续发展这种全新的发展战略和模式应运而生。

（一）20世纪60年代

1962年，美国海洋生物学家蕾切尔·卡森出版了《寂静的春天》一书，她在书中警告人们杀虫剂会污染动物的食物源，杀死大量的鸟类和鱼，并会对环境造成污染。她呼吁世人关注杀虫剂造成的破坏性后果。她的呼吁及随后的环境生物学研究导致世界各地开始限制使用杀虫剂，引起了人们对环境问题的高度重视。

（二）20世纪70年代

1970年，联合国教科文组织创立了“人与生物圈计划”，探索合理利用生物圈资源的方式，以改善人与环境的关系。

1972年6月，联合国人类环境会议在瑞典首都斯德哥尔摩召开。这次会议是各国政府共同讨论当代环境问题、探讨保护全球环境战略的第一次国际会议，是全球产生环境共识的第一座里程碑。该会议通过了《人类环境宣言》，提出了7条共同观点，制定了26条共同原则。但该会议只强调环境问题，尚未将环境与经济和社会的发展很好地结合起来。环境和发展“两张皮”的问题无论在认识上还是政策上都未得到解决，单纯治理环境问题，是无法解决人类面临的困境的。

1972年，罗马俱乐部成员梅多斯出版了《增长的极限》一书，该书用系统动力学的方法研究了人口、工业发展、环境污染、粮食生产和资源消耗的关系，得出21世纪中叶世界将面临一场灾难性崩溃的结论。《增长的极限》引发了关于世界未来和人类前途命运的全球性大讨论。

（三）20世纪80年代

1980年3月，联合国首次使用“可持续发展”一词，呼吁全世界必须研究自然的、社会的、生态的、经济的以及利用自然资源过程中的基本关系，确保全球的可持续发展。

1982年5月，联合国环境规划署于肯尼亚首都内罗毕召开纪念斯德哥尔摩人类环境会议十周年特别会议。会议通过了《内罗毕宣言》《特别会议决议》《特别会议报告》等文件，这些文件使人类认识到经济增长与环境的关系，主张如果发展经济，就必须考虑生态、人口、资源、环境和发展之间的关系。

1987年，世界环境和发展委员会在《我们共同的未来》报告中正式提出了可持续发展的概念。这份报告提出了完整的可持续发展定义，比较系统地提出了可持续发展战略，标志着可持续发展观的正式诞生。

（四）20世纪90年代

1992年6月，在全球环境恶化、经济发展矛盾重重的背景下，联合国环境与发展大会在巴西召开，共有183个国家的代表团和联合国及下属机构等70个国际组织的代表出席，102位国家元首和政府首脑到会讲话。会议通过和签署了《里约热内卢环境和发展宣言》《21世纪议程》《关于森林问题的原则声明》《联合国气候变化框架公约》《生物多样性公约》等环境方面的重要文件。

这次会议否定了工业革命以来形成的“高生产、高消费、高污染”的传统发展模式及“先污染，后治理”的路子，可持续发展概念被普遍接受。会议提出了环境与发展不可分割，要为保护地球生态环境、实现可持续发展建立新的全球伙伴关系的主张，并制定了开展全球环境与发展领域合作的框架性文件——《里约热内卢环境与发展宣言》。该宣言提出了环境与发展应进行综合决策以及实施可持续发展应遵循的27条基本原则。

总之，环境与发展密不可分，相辅相成。要发展，就必须同时考虑环境的保护和治理；环境问题也只有通过经济的发展才能加以解决。发展的模式则由资源消耗型转变为资源节约型，依靠科技进步，节约资源与能源，减少废弃物排放，实施清洁生产和文明消费，实现经济、资源和环境的协调发展，这也是可持续发展的基本思想和要求。联合国环境与发展大会是人类转变传统发展模式和生活方式，走上可持续发展之路的重要里程碑。

二、可持续发展观

可持续发展观是20世纪80年代提出的一种新的发展观，它的提出顺应了时代的变迁、社会经济发展的需要。可持续发展指既满足当前需要而又不削弱满足子孙后代需要的发展。可持续发展意味着维护、合理使用并且提高自然资源基础，这种基础支撑着生态抗压力及经济的增长。可持续发展还意味着在发展计划和政策中纳入对环境的关注与考虑，而不代表在援助或发展资助方面的一种新形式的附加条件。

近年来，随着中国经济建设的发展，中国城市化进程明显加快，目前已进入高速城市化阶段。在城市化进程中，人口的密集、产业的集聚和城市规模的扩大给城市生态环境带来了负面影响，全国各地的城市中出现了相似的环境污染和生态破坏问题，今后的城市化进程还将进一步加重城市原有生态环境的压力。当代资源和生态环境问题日益突出，已经向人类提出了严峻的挑战。这些问题既对科技、经济、社会发展提出了更高的目标，也使经济发展和综合国力的提升达到了前所未有的难度。在目前的情况下，任何一个国家要增强本国的综合国力，都无法回避科技、经济、资源、生态环境同社会的协调与整合。因此，详细考察这些要素在综合国力系统中的功能行为及相互适应机制，进而为国家制定和实施可持续发展战略决策提供理论支撑，就显得尤为迫切和重要。社会经济只有在物质的环境中才能有所发展，如果只注重环境，社会经济就不会往前发展。同理，如果只注重社会经济的发展，使环境遭到破坏，人类的生存就会受到威胁，这就是“可持续发展”的核心内容。科技为我们带来了极大的物质满足，也带来了资源的急速消耗和环境的恶化。为了我们和我们的后代在地球上还能拥有科技尚未发达前的基本生存条件，进行环境保护和可持续发展是十分必要的。

三、基于可持续发展的环保要求

环境保护是经济发展的前提和基础，生态环境保护和建设得当，不但会为发展经济打下坚实的基础，而且会产生直接的经济效益。

经济要发展，生态环境的恢复和建设必须先行，因为城市生态环境的建设和保护既是环境保护的中心环节，也是当前经济发展的基础和中心环节。环境保护与城市发展有着密切的关系，既是经济、社会发展及稳定的基础，又是其重要的制约因素。当前，环境污染已成为阻碍经济社会可持续发展、威胁人民群众身心健康的关键问题。社会的发展和进步、国民经济的可持续发展，要求保护生态环境等公共资源。唯有如此，才能真正实现又好又快的发展。在实现国民经济和社会的可持续发展过程中，环境保护起着至关重要的作用。良好的生态环境是实现经济社会可持续发展的基础，是全面建设小康社会、构建社会主义和谐社会的重要内容。可持续发展十分强调环境的可持续性，并把环境建设作为实现可持续发展的重要内容和衡量发展质量、发展水平的主要标准之一。现代经济、社会的发展越来越依赖环境系统的支撑，没有良好的环境作为保障，可持续发展就会难以实现。

我国人口众多，资源相对不足，环境承载能力较弱。因此，可持续发展战略能够克服资源短缺的“瓶颈”问题，解决环境污染和生态问题，加强资源节约和环境保护，建设生态文明，将有利于促进经济结构调整和发展方式转变，实现经济社会稳定、良好发展；有利于带动环保和相关产业的发展，培育新的经济增长点并增加就业；有利于提高全社会的环境意识和道德素质，促进社会主义精神文明建设；有利于保障人民群众的身体健康，提高人民的生活质量并延长人均寿命；有利于维护中华民族的长远利益，为子孙后代留下良好的生存和发展空间。

追求可持续发展，就是使人类的经济发展基本达到“低能耗、低排放、无污染”的水平，将人类改造与利用生态、资源、环境的能力提升到极高的层面，经济发展与环境保护不再对立，而是相互作用、互补互促，能够形成良性循环；城市环境建设是一项长期的系统工程，必须不断地加大投入，完善设施，而这需要经济发展作为保障，否则城市环境建设最终难以落实。此外，还需要实施绿色发展战略，把推进绿色生态建设摆到更加突出的位置，大力推进可持续发展战略，进一步改善生态环境、保护生态资源，实现生态资源的永续利用。可持续发展把环境建设作为实现发展的重要内容，因为环境建设不仅可以为发展创造出许多直接或间接的经济效益，还可为发展保驾护航，向发展提供适宜的环境与资源。可持续发展把环境保护作为衡量发展质量、发展水平和发展程度的客观标准之一。现代的发展与现实越来越依靠环境与资源的支撑，人们在没有充分意识到可持续发展之前，环境与资源正在急剧衰退，能为发展提供的支撑越来越有限。社会越是高速发展，环境与资源就显得越重要。环境保护可以保证可持续发展最终目的的实现，因为现代的发展早已不是仅仅满足人们物质和精神消费的发展，而是同时把建设舒适、安全、清洁、优美的环境作为重要目标而不懈地努力。

可持续发展要求人们放弃传统的生产方式和消费方式，即及时坚决地改变传统发展的模式——首先减少进而消除不能持续发展的生产方式和消费方式。这一方面要求人们在生产时尽可能地少投入、多产出，另一方面又要求人们在消费时尽可能地多利用、少排放。因此，我们必须纠正过去那种单纯靠增加投入、扩大消耗实现发展和以牺牲环境来增加产出的错误做法，从而使发展更少地依赖有限的资源，更多地与环境容量有机协调。

四、城市的可持续发展

城市的可持续发展，又可称城市持续发展，与此相近的还有城市可持续性、可持续城市和生态城市三个名词。这三个名词分别从不同角度（城市的可持续发展强调事物的发展过程，城市可持续性和可持续城市则更注重事物发展的条件和状态，而生态城市则为城市可持续发展的环境生态学）表述了可持续发展思想在城市发展中的应用；对于城市如何向可持续发展的方向演进，它们的内涵则完全一致。

现代城市是大规模、高密度、多变量、快节奏的社会复合系统。实现城市可持续发展的基本着眼点，就是兼顾当前发展和长远发展，在此基础上妥善处理城市发展过程中的人与人、人与社会、人与自然的关系。城市的可持续发展需要把握以下战略取向。

（一）建设生态城市

宜居是城市应有的基本品质和首位功能。城市的宜居程度是经济、技术、生态、社会等多种因素综合作用的结果，其中生态良好是宜居的首要条件。工业革命为城市带来发展的经济基础和技术手段，从物质形态的建设上逐步解决了城市宜居的便利性问题。但是工业化下的唯技术、唯功利的城市建设也在相当程度上造成了城市生活远离自然界、灰色覆盖绿色、生态环境恶化等影响居民生活质量和城市可持续发展的根本问题。

城市可持续发展是一个城市不断使其内在的自然潜力得以实现的过程，其目的是建立一个以生存容量为基础的绿色花园城市。沃尔特认为，城市要想实现可持续发展，必须合理地利用其本身的资源，寻求一个友好的使用过程，并注重其中的使用效率，不仅为当代人着想，还要为后代人着想。

早在 1898 年，英国建筑学家埃比尼兹·霍华德就提出了城市规划史上著名的“花园城市”理论。这个以亲近自然为基调的城市规划理念和模式主要适用于新型的小型城市，其应用范围非常有限。20世纪80年代，苏联生态学家首次正式提出了“生态城市”的概念。目前，生态城市建设虽然在行动较早的发达国家已经取得了经验和成效，但在世界范围内仍然处于探索阶段。我国陆续提出并广泛开展的国家卫生城市、森林城市等特色城市建设活动都分别从不同领域进行生态城市建设的积极探索，并积累了有益经验。2007年，我国公布生态园林城市的创建标准及评审方法，标志着我国生态城市建设和城市可持续发展能力建设进入了一个更具根本性、全局性、系统性的新阶段。

（二）建设经济高端化城市

简单来讲，经济高端化城市就是在区域经济、国民经济乃至世界经济的分工和竞争中，占据产业结构和价值链高端位置的城市，是先进制造业、现代服务业等处于领先地位的城市。一个城市要想增强自身的可持续发展能力，并且带动周边区域的可持续发展，就必须加快经济结构的优化升级和经济发展方式的根本转变。具体来说，应大力发展高新技术产业和先进制造业，推动制造业从“三高一低”向“三低一高”的整体转型，加快培育现代新兴服务业，完善城市服务业体系建设，重点加强外向化服务功能。此外，具备条件的大中城市、区域中心城市应该率先形成以服务业为主体、以功能比较完备的高端化和服务化为特色的城市经济结构。

（三）建设数字城市

“数字城市”是国内一些城市曾经提出的对城市发展方向的一种选择，它把数字技术、信息技术、网络技术渗入城市生活的各个方面，并将其作为城市运行和发展的基础性技术平台和普遍性技术手段。城市的高度信息化和全面数字化，将极大地改变、优化人们的思维方式、学习方式、工作方式、交往方式和整个城市的生产方式、生活方式、管理方式，对于城市加强对内、对外的信息处理、过程控制、系统集成，以及生产和生活达到高效率、低消耗的水平，具有重大意义。建设数字城市是推进城市现代化、实现城市可持续发展的必然选择。

（四）建设创新型城市

中国共产党十六届五中全会提出要建设创新型国家。其核心要求就是把提高自主创新能力作为调整经济结构、转变经济发展方式、提高经济核心竞争力、实现可持续发展的中心环节。建设创新型城市是建设创新型国家的基础，其依靠科技、知识、人力、文化、体制等创新要素推动城市发展。建设创新型城市既要紧紧把握科技创新这个核心环节，又要积极推动思想观念创新、发展模式创新、机制体制创新，以及对外开放创新、企业管理创新和城市管理创新等方面的系统创新，把城市引入可持续发展的健康轨道。

（五）建设文化特色城市

文化是城市之魂，特色是城市之根。文化见证城市的生命历程，是城市中最宝贵、最独特的财富。任何一座城市的文化特色都是经历漫长的岁月后逐步形成的。城市的发展离不开文化特色的传承，城市如果没有文化特色，就缺少灵魂，人心难以凝聚，发展缺乏动力，而任何城市的繁荣与发展又是弘扬和再造其文化特色的过程。文化特色外在地表现为城市的品牌形象，内在地构成城市可持续发展的价值取向。强烈的文化特色使城市光彩夺目，富有吸引力；浑厚的文化特色使城市底蕴深厚，富有凝聚力。城市文化特色是城市建设与发展的根基和财富，整理、研究、保护并发扬城市的文化特色不仅关系到城市文化脉络的完整性，还关系到城市文化传统和独特魅力的延续性。只有站在数千年积淀起来的中华文明的高度，理解、尊重并传承文化遗产，积极挖掘城市的文化传统，重塑城市的文化特色，才能提升城市的综合竞争力，实现城市文明的可持续发展。

（六）建设低碳城市

低碳城市是全面采取低能耗、低污染、低排放的低碳经济模式和低碳生活方式的城市。低碳经济的核心是能源技术和减排技术的创新、产业结构和经济制度的创新，以及人类生存发展观念的根本转变。通过技术创新、产业调整、制度完善、观念引导等措施，实现碳排放的降低，是控制全球气候变化、保障人类社会可持续发展的基础条件和关键环节。走生态文明之路，建设低碳城市，要求全面优化产业结构和能源结构，全面变革生产方式和生活方式。建设低碳城市与建设资源节约型和环境友好型社会的本质一致，是贯彻和落实科学发展观的具体体现，应当成为我国城市转型发展的重要战略。

第二节　城市生态环境的可持续发展

城市是以空间与环境集中利用为基础，以人类社会进步为目标的一个集人群、资源、先进科技文化于一体的空间地域系统；是一个经济贸易、政治社会、科学文化实体和自然环境实体的集合体；是一个地区政治、经济、文化的中心；是一个区域内第二产业和第三产业分化、独立发展并在空间上趋于集中的复合人工生态系统。

城市是人类发展到一定阶段的必然产物。从一定意义上讲，人类发展的文明史就是一部城市的发展史。人类历史已有300多万年，而城市的历史只有6 000多年。德国学者斯宾格勒认为："人类所有伟大的文化都是由城市产生的。世界史就是人类的城市时代史。国家、政府、政治、宗教等无不是从人类生存的这一基本形式——城市中发展起来并附着其上。"

因为良好的城市生态环境是社会经济发展与社会文明发达的标志，所以加强城市生态环境建设，重视城市的可持续发展，已成为当今社会的重要任务。

城市是推进现代化建设的基本载体，是社会生产力和科学文化历史发展的重要基地，也是人类的重要居住环境。良好的城市生态环境是人类生存和发展的基础，是社会文明发达的标志。因此，保护城市生态环境，重视城市的可持续发展，当今已成为社会的紧迫要求与共同任务。

一、城市生态环境可持续发展的含义和特点

（一）城市生态环境可持续发展的含义

城市自然生态环境一方面为人类的社会经济活动提供物质能量来源，另一方面也会在城市发展中向自然环境大量索取资源。当人类对城市自然生态环境的干预过于强烈时，城市生态环境就会受到污染和破坏。其后果是空气变混浊、水质和土壤变坏、作物受害，自然资源被过度开发利用而濒临崩溃，设备、原材料遭到污染、侵蚀、损坏，等等，从而增加生产成本，降低利用效率。因此，从战略角度来说，城市生态环境可持续发展是城市社会经济持续发展的基础和前提条件，是国民经济持续发展的保障。

综合考虑城市生态系统的特点和其被系统破坏后的恶果，可以认为，城市

生态环境可持续发展的含义是以可持续发展理论为依据，充分考虑城市社会经济活动、自然资源状况和生态环境保护之间的协同、共生、制约、演进关系，充分尊重自然和社会规律，实现以不断提高人群生活质量和环境承载能力的、满足当代人需求又不损害子孙后代需求的、满足一个城市需求又未损害别的地区人群需求的发展。

（二）城市生态环境可持续发展的特点

（1）和谐性。城市生态环境可持续发展的和谐性，不仅体现在人与自然的和谐相处，还体现在人与人、人与社会关系的和谐。现代社会，人们被过分夸大成世界主宰，滥用技术、企图征服自然，这样不仅危及人类自身的生存，还打破了社会稳定结构，导致社会异化。可持续发展城市则营造满足人类自身进化需求的环境，这种和谐性是可持续发展城市的核心内容。

（2）整体性。可持续发展城市是一个完整的系统，也是由自然、社会、经济诸多环节整合成的复合生态系统，拥有整体效益的运作和发展模式。可持续发展城市并不单纯追求环境优美或自身的经济繁荣，而是兼顾社会、经济和环境三者的整体效益，在整体协调的新秩序下寻求发展。

（3）持续性。可持续发展城市以可持续发展思想为指导，兼顾不同时间、空间，合理配置资源，公平地满足当代人与后代子孙在发展和环境方面的需要，不因眼前的利益而以“掠夺”的方式促进城市短时的“繁荣”，而是保证城市发展的健康、持续和协调。

（4）循环性。可持续发展城市须改变现行的大量生产、大量消费、大量废弃的运行模式，积极倡导清洁生产、绿色消费、资源回收利用的运行机制，提高一切资源的利用效率，做到物尽其用，实现物质、能量的多层次分级以及高效、循环的利用，协调各部门、各行业之间的共生关系。

（5）区域性。可持续发展是建立在区域平衡基础上的，而且城市之间是相互联系、相互制约的。可持续发展城市以人与自然的和谐为价值取向。区域观念就是全球观念，要实现生态城市这一目标，就需要全球、全人类的共同合作，共享技术与资源，形成互惠共生的网络系统，建立全球生态平衡。

二、城市生态环境可持续发展的基本原则

可持续发展是一种新的人类生存方式。这种生存方式不但要求体现在以资源利用和环境保护为主的环境生活领域，而且要求体现到作为发展源头的经济

生活和社会生活中去。贯彻城市生态环境可持续发展战略必须遵从以下一些基本原则。

（一）公平性原则

城市生态环境可持续发展强调发展应该追求两方面的公平。一方面是本代人的公平，即代内平等。可持续发展要满足全体人民的基本需求和给予全体人民发展机会，以满足他们要求较高的生活愿望。当今世界的发展现实是只有一部分人富足，世界20%的人口处于贫困状态，占全球人口26%的发达国家耗用了占全球80%的能源、钢铁和纸张等，这种贫富差距悬殊、两极分化的世界是不可能实现可持续发展的。因此，要给世界以公平的分配和公平的发展权，要把消除贫困作为可持续发展进程中优先考虑的问题。另一方面是代际间的公平，即世代平等。要认识到人类赖以生存的自然资源是有限的，本代人不能因为自己的发展与需求而损害子孙后代满足需求的条件——自然资源与环境，要给世世代代以公平利用自然资源的权利。

（二）持续性原则

城市生态环境持续性原则的核心思想是人类的经济建设和社会发展不能超越自然资源与生态环境的承载能力。这意味着可持续发展不仅要求人与人之间的公平，还要顾及人与自然之间的公平。资源和环境是人类生存与发展的基础，离开了资源和环境，人类就无从谈及生存与发展。可持续发展主张建立在保护地球自然系统基础上的发展，因此发展必须有一定的限制因素。人类发展对自然资源的消耗速率应充分顾及资源的临界性，应以不损害维持地球生命的大气、水、土壤、生物等自然要素为前提。

（三）共同性原则

可持续发展作为全球发展的总目标，其所体现的公平性原则和持续性原则是人类应该共同遵从的。要实现可持续发展的总目标，就必须采取全球共同参与的联合行动，认识到地球的整体性和相互依赖性。从根本上说，实现城市生态环境可持续发展就是要按照共同性原则，正确处理人与自然的关系，促进人与人之间、人与自然之间的和谐。

三、实现城市生态环境可持续发展的途径

如果说经济、人口、资源、环境等内容的协调发展构成了可持续发展战略

的目标体系，那么管理、法制、科技、教育等方面的能力建设就构成了可持续发展战略的支撑体系。可持续发展的能力建设是可持续发展的具体目标得以实现的必要保证。具体地说，实现城市生态环境可持续发展的基本途径有以下几种：

（一）建立生态环境可持续发展的管理体系

实现生态环境可持续发展需要一个非常有效的管理体系。历史与现实表明，环境与发展不协调的许多问题是由决策与管理不当造成的。因此，提高决策与管理能力就构成了可持续发展能力建设的重要内容。可持续发展管理体系要求培养高素质的决策人员与管理人员，综合运用规划、法制、行政、经济等手段，建立和完善可持续发展的组织结构，形成综合决策与协调管理的机制。

（二）建立城市生态环境可持续发展的法制体系

与可持续发展有关的立法是实现可持续发展战略具体化、法制化的途径；与可持续发展有关的立法的实施是实现可持续发展战略的重要保障。因此，建立可持续发展的法制体系是建设可持续发展能力的重要方面。可持续发展要求通过法制体系的建立与实施，实现自然资源的合理利用，使生态破坏与环境污染得到控制，保障城市经济、社会、生态的可持续发展。

（三）建立城市生态环境可持续发展的教育系统

可持续发展要求人们有高度的知识水平，明确人类活动对自然和社会的长远影响，还要求人们有高度的道德水平，认识自己对子孙后代的崇高责任，自觉地为人类社会的长远利益而放弃和牺牲一些眼前利益和局部利益。这就需要人类在可持续发展的能力建设中大力发展符合可持续发展精神的教育事业。可持续发展的教育体系不仅应使人们获得可持续发展的科学知识，还应使人们具备可持续发展的道德水平。这种教育既包括学校教育这种主要教育形式，又包括潜移默化的社会教育形式。

（四）鼓励公众参与城市生态环境可持续发展

公众参与是实现可持续发展的必要保证，也是可持续发展能力建设的主要方面，这是因为可持续发展目标和行动的实现必须依靠社会公众和社会团体最大限度的认同、支持和参与。公众对可持续发展的参与应该是全面的，公众和社会团体不仅要参与环境与发展方面的决策，特别是那些可能影响到他们生活和工作的决策，还要参与对决策执行过程的监督。

第三节　城市生态环境可持续发展指标体系

从生态学的角度看，城市生态环境是一个庞大而复杂的复合生态系统，包括生态环境、生态产业和生态文明。其最基本的功能是方便居民生活、组织生产流通、保护治理环境。城市生态系统应能实现经济发展、社会进步和生态保护的相互协调，促进人类对物质、能量、信息的高效利用。城市活动受到各种生态因素的制约，城市的活动限度同系统的生态限度是一致的，在生态系统限度范围内，发展的城市生态环境才是可持续的。

可持续发展是人类发展的全新模式，旨在促进人类之间以及人类与自然之间的和谐，其实质是改变传统索取自然、损害环境的片面发展，要求经济在人口、资源、环境的约束下持久、有序、稳定和协调地发展。因此，评价城市生态环境是否能可持续发展，既要看其经济的增长数量，又要看其资源、环境的损害程度，还要看其经济增长与资源环境损害对比的盈亏关系。所以，研究和确定城市生态环境可持续发展的指标体系至关重要。

一、制定城市生态环境可持续发展指标体系的原则

可持续发展能力建设是一个系统工程，由众多可持续发展因子共同组合而成。正因为这个原因，理论界目前对可持续发展指标体系的研究存在着相当大的分歧。经济学家、环境学家、生态学家、社会学家等对可持续发展指标体系的认识，都侧重在自己的研究领域内展开，但他们所遵循的基本原则至少包括以下几方面：

（一）可靠性原则

所选指标应是客观存在的而不是主观臆造的。指标的意义明确，统计方法规范，能够反映可持续发展的内涵和目标的实现程度。

（二）综合性原则

可持续发展内容的多样性决定了其指标体系的复杂性。因此应选择能够反

映可持续发展的某个方面的指标，并能把一些范围较广的信息整合成一个综合性指标，这样可以减少指标的数量。但要注意不能使其所掩盖的信息多于其所揭示的信息。

（三）可比性原则

可持续发展指标体系是衡量可持续发展进程的尺度，因此指标体系要在时间和空间上符合可比性原则。

（四）可操作性原则

可持续能力建设是围绕着可持续发展的目标而展开的，指标所需的信息必须是可得到的，并对决策者有实实在在的支持和指导作用。

二、城市生态环境可持续发展指标研究进展

（一）联合国可持续发展委员会的可持续发展指标

国内外许多学者提出过不同的指标体系，其中联合国可持续发展委员会（以下简称 UNCSD）的指标是依据《21 世纪议程》，从可持续发展的四个主要方面——社会、经济、环境和制度着手建立的，而后，其在 UNCSD 第七次会议和巴巴多斯国际研讨会上先后作了汇报，测试国家总体上反映不错，并提出了三方面意见：

（1）该框架适于环境问题而不适于社会、经济和体制问题。

（2）框架的缺陷影响了国家指标的选择。

（3）指标数目过多，难于测试与开发。

在此基础上，UNCSD 对指标框架进行了改革，其导向如下：①突出与评价可持续发展进程有关的、共同的优先问题；②实现可持续发展范畴内的综合与平衡；③广泛覆盖《21 世纪议程》；④国家与国际的共识。现在其主题框架已经被设计出来（表 5-1），强调了以下几点：①未来的种种风险；②主题之间的相互联系；③可持续性目标；④社会的基本需求。同时，新的框架考虑了测试国家优先指标和经验，但并非所有优先指标都同《21 世纪议程》的章节相对应。

表 5-1　UNCSD 设计的指标体系

社　会	经　济	环　境	制　度
教育、就业、健康 / 供水 / 卫生、住房、福利与生活质量、文化遗产、贫困 / 收入分配、犯罪、人口、社会与伦理价值、妇女的作用、土地与资源的获取、社会结构、公平 / 社会遗弃	经济依赖性 / 债务 / 官方发展资助、能源、消费与生产模式、水的管理、交通、采矿、经济结构与发展、贸易、生产力	淡水 / 地下水、农业 / 食品安全、城市、沿海地区、海洋环境 / 珊瑚保护、渔业、生物多样性 / 生物技术、可持续森林管理、空气污染与臭氧层耗竭、全球气候变化 / 海平面上升、自然资源的可持续利用、可持续的旅游、有限的环境承载力、土地使用的改变	综合决策、能力建设、科学技术、公众意识与信息、国际公约与合作、管理 / 市民协会的作用、制度与立法框架、防灾、公众参与

改进后的 UNCSD 指标框架的特点如下：①强调了面向政策的主题，以服务于决策需求；②保留了可持续发展的四个重要方面——社会、经济、环境与制度；③与《21 世纪议程》有一定的对应关系；④取消了对“驱动力—状态—响应”的对应分类。

在选择核心指标时，应考虑的标准包括以下几方面：①主要是国家一级的；②同评价可持续发展的进程有关；③它是可理解的、明确的、不模糊的；④在政府开发的指标能力之内；⑤概念合理；⑥数量有限；⑦对《21 世纪议程》与可持续发展的覆盖面足够广；⑧尽量建立在国际共识的基础上；⑨数据要有有效性和质量保证。

此外，测试国家最常用的若干 UNCSD 指标还有失业率、人口增长率、人均 GDP、家庭人均用水量、土地使用的变化、化肥的用量、濒危物种占国内物种总数的比例、城市大气污染物的浓度、温室气体的排放、二氧化硫的排放、氮氧化物的排放、能源的年消费量等。目前该指标框架正在进一步完善和实践。

（二）苏格兰的可持续发展指标

苏格兰从经济、生态、社会、政治的角度出发，综合考虑后建立了“苏格兰可持续发展指标（SISD）”。该指标共包含 5 种主要指数，如表 5-2 所示。

表 5-2　苏格兰可持续发展指标的主要指数

指　数	指数名称	指数含义
AEANDP	环境近似调整后的国民生产净值	AEANDP= 总资本（人造资本 + 自然资本）存量 - 当年付出的环境补偿量，旨在考虑环境损失对原国民收入额进行修正
PAM	弱可持续性测量法	$Z=S/Y-\delta M/Y-\delta N/Y$。$Z$ 为可持续指数；S 为国内总储蓄；Y 为国内总收入；δM 为人造资产贬值量；δN 为自然资产贬值量
NPP/K	净初级生产力与承载力	NPP= 生物固化下来的全部能量 - 初级生产者呼吸作用消耗的能量；K 为测量环境中可再生资源的总量
EF/ACC	适当的承载力与生态文明城	使给定数量人口达到平均单位个体消费量水平所需要的总土地面积
ISEW	可持续经济福利指数	ISEW= 个人消费 + 非防护性支出 - 防护支出 + 资产构成 - 环境损害费用 - 自然资产折旧

经济指标表明经济活动正在消耗或增加的自然资本存量；生态指标作为生命延续的基础，代表了分级的依据；可持续经济福利指数则表明经济与生态可持续发展的关系。但这些指标只是建立生态可持续发展指标的第一步。

从 SISD 研究结果可见：①经济测量指数 AEANNP 表明，苏格兰的发展在整体上是可持续的，而用弱可持续发展的经济指数 PAM 测量时，却是不可持续的。②生态指数 NPP/K 表明，苏格兰的环境容纳量已经非常接近其承载力。而另一个生态指数 EF/ACC 表明，目前的能源与食物等消费是不可持续的。③可持续经济福利指数 ISEW 表明苏格兰的经济福利在减少。

这些指标还存在一些问题，主要是经验不充分、测量方法不一致、权重和临界值不完善等，故其结论只能视作暂时性的，最好能用质量更高的数据进行修正。然而，通过这些指标仍然可以看到一些不好的发展趋势，说明苏格兰的形势并不乐观，需要尽快实施一整套明确的可持续发展政策。

（三）环境可持续性指标

环境可持续性指标（ESI）是由美国耶鲁大学和哥伦比亚大学合作开发的，包括 22 个核心指标，每项指标结合了 2 ～ 6 个变量，共 67 个基础变量。两校课题组曾用此指标测试了包括中国在内的 122 个国家。

ESI 主要致力于环境的可持续发展，比可持续发展的范畴要窄一些。该体系接受的前提是政策、经济、社会价值，这些都是可持续发展最值得考虑的重要因素。开发者认为，环境可持续发展以下列5个方面的功能为代表：①环境系统的状态，如空气、土壤和水；②环境系统承受的压力，以污染程度与开发程度来衡量；③人类对于环境变化的脆弱性，反映为粮食资源匮乏或环境所致疾病的上升等；④社会与法制在应对环境挑战方面的能力；⑤对全球环境合作需求的反应能力，如保护大气等国际环境资源。ESI定义的环境可持续性如下：环境可持续性是指以可持续的方式创造上述5个方面的高水平业绩的能力。即上述5个方面为环境可持续发展的核心内容（表5-3）。

表5-3 ESI指标的核心内容

内容	指标	指标说明
环境系统	大气质量、水的数量、水的质量、生物多样性、陆地系统	如果一个国家的环境是可持续发展的，则其环境系统保持在健康水平或得到改善，而不是呈下降、恶化趋势
降低环境压力	降低空气污染、降低水压力、降低生态系统的压力、降低废物和消费的压力、降低人口压力	如果一个国家的环境是可持续发展的，则其人为压力水平很低，没有对环境系统造成明显的损害
降低人类的脆弱性	基本营养、环境健康	如果一个国家的环境是可持续发展的，则其人民和社会系统对环境的扰动不应是脆弱的（通过最基本的需求表现，如健康和营养）；脆弱性的降低就是社会越来越向可持续方向发展的标志
社会和法制方面的能力	科学/技术、辩论能力如法律与管理、私人部门的反应能力、生态有效性、减少公众自主选择的混乱	如果一个国家的环境是可持续发展的，则要拥有适当的法制和网络监督等基本的社会模式。这些都会鼓励对于环境挑战做出有效的反应
全球合作	国际承担的义务、全球规模的基金/参与、保护国际公共权	如果一个国家的环境是可持续发展的，则其能同其他国家合作应对共同的环境问题，减少对其他国家的负面的域外环境影响，直到没有严重的环境损害

两校的研究报告认为，ESI可以在国家间的环境进展方面进行系统化、定量化的对比。它在以下几个方面可以发挥作用：①确定一个国家的环境业绩在期望值之上或之下；②研究确定某地区的政策成功还是失败；③确定环境工作的基准；④确定什么是“最好的实践”；⑤调研环境业绩同经济业绩间的相互

作用。

研究结果表明，中国在一些指标的排名上不甚理想。例如，大气质量（以二氧化硫、二氧化氮和总悬浮颗粒物为变量）在122个测试国家中名列第121位。

三、我国可持续发展指标研究进展

我国政府部门和学术界从不同角度对可持续发展指标进行研究，对城市、区域农业、经济发展综合效益以及社区发展模式等不同层次的可持续发展指标体系分别开展了研究，并在不同层次和不同地区取得了一些成果，其中有些已应用于实际工作中，但目前尚无公认一致的中国可持续发展指标体系。

在以城市为背景的指标体系研究中，上海市曾对若干国际大都市的经济、社会、环境指标做过系统的调查。广州市也曾运用生态学原理和可持续发展理论开展城市生态可持续发展的研究与规划工作。

国家可持续发展议程创新示范区是我国落实《联合国2030年可持续发展议程》（以下简称《2030年议程》）的重要举措之一，也是解决制约我国发展的瓶颈问题，为全球推进可持续发展贡献中国经验的重要实践。选择具有典型性和示范性的创建主体是建设可持续发展议程创新示范区的首要步骤，这需要对作为创建主体的城市各方面进行综合评价。虽然现有的城市可持续发展评价体系能够对城市的发展现状和基础进行绝对值评估，或作为城市落实《2030年议程》、实现可持续发展目标的进度监测工具，但是其难以体现不同规模、级别和类型的城市在可持续发展领域的优势和特点，可能会忽略规模较小但具有较高示范性和发展潜力的城市。因此，本书从示范导向角度构建了包括城市发展基础、发展经验、重视程度、创新能力、辐射性和可塑性6个相对值指标在内的评价体系，并将这些指标与联合国可持续发展目标（SDGs）框架相对应，旨在对我国城市可持续发展的基础、经验、特点和潜力等进行综合评价，为后续示范区的选择提供思路。对已建立的6个示范区进行评价和分析，结果表明：①以GDP为导向的经济发展不是唯一标准，发展基础相对薄弱、解决可持续发展问题的能力较为突出的小城市也可能具有较强的示范作用；②发展经验、政府对示范区建设的重视程度和创新能力对示范区建设有较为重要的影响；③单个指标突出较难形成城市整体提升的持续动力。后续示范区的筛选和建设应重视各指标要素的协调性，形成推动城市整体可持续发展的合力。

（一）我国生态环境领域SDGs评估结果分析

我国《2020年可持续发展报告》与2019年的相比，出现了一些新的变化：报告纳入了16个新指标，首次提供了“进口中体现的二氧化碳排放量”“进口中体现的与工作有关的致命事故”“进口中体现的稀缺用水量”等溢出效应指标的时间序列数据。报告的评价对象由162个增加为166个，新增的国家分别为巴巴多斯、文莱、索马里和南苏丹。

为评估各国在某项目标上的实施进度，《2020年可持续发展报告》在指示板表中为每个指标引入了对应某种颜色的临界值。其中，绿色表示该国在实现17项SDG上面临的挑战较少，其中一些目标甚至已经达到了实现该目标所要求的临界值；从黄色到橙色再到红色表示距离SDGs的实现越来越远，距2030年可持续发展目标的实现存在越来越大的挑战。

SDG指标体系中与生态环境相关的目标主要为SDG6、SDG11、SDG12、SDG13、SDG14、SDG15。本书对我国上述生态环境领域指标及其评价结果做了汇总分析，如表5-4所示。

SDG6、SDG11、SDG12、SDG13、SDG14、SDG15中的具体指标在2020年的指标分数值、指标状态、得分和排名情况如表5-5所示。

表5-4　2016—2020年我国生态环境领域SDGs指数及指示板表现

目标评价结果		2016年	2017年	2018年	2019年	2020年
SDG6	指示板	黄色	橙色	黄色	橙色	橙色
	指数分值	86.200	88.200	89.900	71.800	68.600
	排名	—	60/157	34/156	76/162	91/177
	排名相对位置	—	0.382	0.218	0.469	0.514
SDG11	指示板	红色	橙色	橙色	橙色	橙色
	指数分值	43.200	61.600	69.200	75.100	75.9100
	排名	—	113/157	95/156	91/162	92/177
	排名相对位置	—	0.720	0.609	0.562	0.520

续 表

目标评价结果		2016 年	2017 年	2018 年	2019 年	2020 年
SDG12	指示板	黄色	橙色	橙色	橙色	黄色
	指数分值	41.300	74.800	73.200	82	88.550
	排名	—	66/157	80/156	86/162	55/177
	排名相对位置	—	0.42	0.513	0.531	0.311
SDG13	指示板	红色	红色	红色	红色	黄色
	指数分值	41.500	58.700	69.300	92	89.780
	排名	—	145/157	139/156	72/162	91/177
	排名相对位置	—	0.924	0.891	0.444	0.514
SDG14	指示板	红色	红色	红色	红色	红色
	指数分值	32	31.100	33.500	36.200	50.510
	排名	—	94/118	145/156	104/126	113/136
	排名相对位置	—	0.797	0.929	0.825	0.831
SDG15	指示板	红色	橙色	橙色	橙色	橙色
	指数分值	39.200	58.500	58.600	62.700	59.470
	排名	—	77/157	90/156	92/162	115/177
	排名相对位置	—	0.490	0.577	0.568	0.650

表 5-5　2020 年我国生态环境领域 SDGs 具体指标分值及指示板表现

指标		指标值	得分	排名	指标状态
SDG6	自来水普及率 /%	92.800	88.077	(101/177)	黄
	公共卫生服务设施覆盖率 /%	84.800	83.124	(101/177)	橙
	淡水占可再生水源的比例 /%	43.400	64.686	(133/172)	黄
	污水处理率 /%	9.400	9.360	(75/177)	红
	进口体现的稀缺水消费 /（米 ^{3} · 人 $^{-1}$）	2.300	97.739	(65/175)	绿

续 表

	指标	指标值	得分	排名	指标状态
SDG11	$PM_{2.5}$ 浓度 /（微克 · 米 $^{-3}$）	52.700	42 546	（157/177）	红
	居民对公共交通的满意程度 / %	78.600	93.461	（9/169）	绿
	城市管网供水覆盖率 /%	92.200	91.717	（87/164）	黄
SDG12	城市固废排放量 /[千克 ·（年 · 人 $^{-1}$）]	0.700	83.694	（20/171）	绿
	活性氮生产足迹 /（千克 · 人 $^{-1}$）	23.100	78.448	（90/175）	黄
	活性氮输入量 /（千克 · 人 $^{-1}$）	0.700	98.533	（53/175）	绿
	电子垃圾排放量 /（千克 · 人 $^{-1}$）	5.200	78.541	（68/167）	黄
	以生产为基础的二氧化硫排放量 /（千克 · 人 $^{-1}$）	30	94.282	（83/175）	黄
	进口所含二氧化硫排放量 /（千克 · 人 $^{-1}$）	0.700	97.807	（40/175）	绿
SDG13	化石燃料出口中体现的二氧化碳排放量 /（千克 · 人 $^{-1}$）	16.400	99.963	（18/162）	绿
	与能源有关的二氧化碳排放量 /（吨·人 $^{-1}$）	6.500	72.624	（137/174）	红
	进口中体现的二氧化碳排放量 /（吨·人 $^{-1}$）	0.104	96.750	（143/186）	绿
SDG14	海洋生态环境状况——清洁水域（0~100）	35	9.006	（127/136）	红
	海洋自然保护区面积比例 /%	21.700	21.654	（100/117）	橙
	过度捕捞鱼类的专属经济海域的比例 /%	8.800	90.320	（17/109）	绿
	拖网捕鱼率 /%	60	33.706	（101/122）	红
	进口中体现的海洋生物多样性威胁（每百万人口）	0	97.850	（94/174）	绿
SDG15	濒危物种红色名录指数（0~1）	0.700	34.750	（155/177）	红
	森林面积年变化率 /%	0	99.467	（52/162）	绿
	陆地自然保护区面积比例 /%	37.800	34.771	（99/176）	黄
	内陆湿地和水域自然保护区面积比例 /%	34.400	34.370	（96/147）	黄
	生物入侵对生物多样性的影响（每百万人口）	0.600	94	（104/174）	绿

（二）水和环境卫生的可持续管理（SDG6）面临较大挑战

在 SDG6 评估中，我国参与评价的指标由 2016 年的 3 个（“自来水普及率”“公共卫生服务设施覆盖率”“淡水占可再生水源的比例”）增加为 2020 年的 5 个（新增“污水处理率”“进口体现的稀缺水消费”）。表 5-4 显示，SDG6 总体评价结果一直为橙色或黄色，2018 年后全球排名略有下降。在 SDG6 中，统计结果较差的指标为“公共卫生服务设施覆盖率”和“污水处理率”，如表 5-5 所示。

表 5-5 显示，“公共卫生服务设施覆盖率”为橙色指标，“污水处理率”为红色指标。“公共卫生服务设施覆盖率”指标得分之所处偏低，可能是因为我国各区域之间基层医疗公共卫生服务机构的服务水平以及设施资源存在着较大的差异，基层、城乡地区医疗、卫生机构分布及资源配置不合理，部分偏远落后地区难以获得基本卫生服务。“污水处理率”得分不高的原因主要是我国在污水处理能力差距较大，区域之间也存在公共服务不均衡的现象。农村生活污水治理领域面临的挑战各区域是存在显著的地域特征，污水处理程度和力度与各个地区的经济发展、社会发展水平等因素联系紧密。

从年度变化上看，我国“自来水普及率”不断改善，但 2020 年有所下降（2019 年排名为 91/193，2020 年排名为 101/177）。“公共卫生服务设施覆盖率”无论是指标值、指标得分还是相对排名均有所提升（2019 年排名为 123/193，2020 年排名为 101/177）。“淡水占可再生水源的比例”指标相对排名虽有所下降（2019 年排名为 135/180，2020 年排名为 133/172），但仍有很大的进步空间。虽然我国目前新增的可再生水源主要来源于淡水，但是海水淡化、污水回用等非常规水资源的开发与利用仍有待提升。

（三）可持续城市建设（SDG11）需要强化公共基础设施能力

在 SDG11 评估中，我国参与评价的指标由 2016 年的 2 个（“$PM_{2.5}$ 浓度”和“城市管网供水覆盖率”）增加为 2020 年的 3 个（新增“居民对公共交通的满意程度”），总体评价结果由红色转为橙色，在全球的相对排名略有提升，如表 5-5 所示。

在 SDG11 评估中，“$PM_{2.5}$ 浓度”这一指标评估结果较差，标记为红色，主要因为我国是在大气污染物高排放的情况下改善环境，污染物排放量超出大气环境容量，短期内不能满足容量总量的控制需求。同时，复杂的经济社会活动包括偏重的产业结构、能源结构对环境的改善存在严重制约，因此未来污染物的总量削减需要通过产业转型、升级污染治理技术等综合措施来实现。产业及能源结构优化、绿色转型涉及方方面面的工作，需要一个发展过程，不可能一蹴而就。

从相关指标年度变化上看，随着《大气污染防治行动计划》的深入实施，城市 $PM_{2.5}$ 浓度不断降低，与当前我国 337 个地级及以上城市 $PM_{2.5}$ 监测结果基本一致，但与空气质量优良地区以及世界卫生组织建议的 10 微克 / 米 ^{3} 的安全值标准差距依然较大，由此可看出，空气污染是制约我国城市可持续发展的突出短板。“城市管网供水覆盖率”指标值、得分均有所提升，说明我国在城市集中供水基础设施建设方面取得了一定的成效，但 5 年评级均为黄色，这说明距离可持续发展目标要求尚有距离。此外，“公共交通的满意程度”表现较好，也印证了城市公共交通体系正在逐步完善。

（四）消费和生产模式（SDG12）需要进一步加大绿色转型

在 SDG12 评估中，我国参与评价的指标由 2016 年的 1 个（“城市固废排放量”）逐渐增加为 2020 年的 6 个（新增“以生产为基础的二氧化硫排放量”“进口所含二氧化硫输入量”“活性氮生产足迹”“活性氮输入量”“电子垃圾排放量”），总体评价结果一直为橙色或黄色，在全球的相对排名大幅提高，消费和生产模式调整改善的效果明显。“以生产为基础的二氧化硫排放量”得分较低主要是因为煤在我国的能源结构中占据主要地位，同时高硫煤的比例较高，部分地区煤的含硫量甚至达到 3%，其中发电和供暖燃煤是我国二氧化硫排放量的主要来源。由于居民生活水平的提升，电子产品的废弃、更新速度加快，电子垃圾排放量逐渐增加，“电子垃圾”指标分值下滑，评级由绿色转为黄色。为了解决这一问题，绿色消费体系的构建和生活垃圾分类、资源化利用是未来发展的新方向。“活性氮生产足迹”指标变化不大，但由于指标评估愈加严格，其相对排名有所下降（2019 年排名为 73/146，2020 年排名为 90/175），不过未来还有一定的改进空间。“进口所含二氧化硫排放量”“活性氮输入量”管控较好，这两项指标的评级一直为绿色。“城市固废排放量”一直表现良好，排放量较 2018 年略微减少，减量增效是未来的管控重点。

（五）应对气候变化（SDG13）需要加强减缓和适应气候变化的行动

在 SDG13 评估中，我国参与评价的指标由 2016 年的 2 个（“人均二氧化碳排放量”“气候变化脆弱性监测”）变为 2020 年的 3 个（“化石燃料出口中体现的二氧化碳排放量”“与能源有关的二氧化碳排放量”“进口中体现的二氧化碳排放量”），总体评价结果由红色变为黄色，在全球的相对排名有所上升。SDG13是我国实现可持续发展目标的重大挑战，近年来我国在SDG13方面的发展有了明显的改善。在SDG13评估中，“与能源有关的二氧化碳排放量”指标评估结果较差，标记为红色；“化石燃料出口中体现的二氧化碳排放量”“进口中体现的二氧化碳排放量”这两项指标评估结果较好，标记为绿色。

能源消费造成的人均二氧化碳排放量较高主要因为我国是全球最大的能源消费国。我国的能源消耗量占全球能源消费量的23%，能源消费增长量占全球能源消费增长的27%，较多的能源消耗导致我国温室气体排放量较多。从2012年起，我国开始积极承担碳减排责任，提前完成了2020年碳减排国际承诺，即全球2020年碳排放强度要比2005年下降40%～45%。在习近平同志宣布我国力争2030年前碳达峰，努力2060年碳中和的目标后，未来我国的人均二氧化碳排放量必定逐渐减少。“化石燃料出口产生的二氧化碳排放量”是一个衡量溢出效应的指标，体现了我国化石燃料出口我国以外地区二氧化碳排放量的影响。我国自1970年起不断从化石燃料的净出口国变成了净进口国。因此，我国的化石燃料出口给我国以外地区带来的环境负面溢出效应影响较小。

（六）保护海洋生态（SDG14）迫切需要提升近海岸域生态环境健康水平

在SDG14评估中，我国参与评价的指标一直保持为5个（“海洋生态环境状况——清洁水域”“海洋自然保护区面积比例”“过度捕捞鱼类的专属经济海域的比例”“拖网捕鱼率”“进口中体现的海洋生物多样性威胁”），总体评价结果一直为红色，在全球的相对排名有所下降，是我国在17项SDG目标中表现最差的一项目标，一直处于参评指标最后的20%。

从具体指标上看，“海洋自然保护区面积比例”大幅度增加，推动该项指标由红色变为橙色。2015年8月20日，国务院为推动海洋保护区建设，印发了《全国海洋主体功能区规划》，其中明确要求“海洋保护区占管辖海域面积比重增加到5%”，虽然取得了一定进展，但该项指标的发展与其他国家相比仍差距较大，仍需进一步加强保护区建设。“海洋生态环境状况——清洁水域”指标得分较低，近期改善不明显，评级一直为红色。我国海洋环境污染的原因主要有陆源污染、海洋过度开发以及海洋溢油污染等。“过度捕捞鱼类的专属经济海域的比例”指标表现较好，其评级一直为绿色，但仍需更高水平的管控。依据农业农村部相关统计，我国管辖海域的渔业资源年可捕捞量标准为

800 万～900 万吨，而实际的年捕捞量在 1 300 万吨左右，存在过度捕捞现象。“拖网捕鱼率”指标自 2018 年参评以来，评级一直为红色，这进一步说明我国目前的海洋捕捞方式和结构非常不合理。我国捕捞量大部分来自拖网、围网和张网等传统捕捞方式，严重破坏了海床与海洋生态，是未来管控的重点。

（七）保护陆地生态（SDG15）需要提高生物多样性水平

在 SDG15 评估中，我国参与评价的指标由 2016 年的 3 个（“濒危物种红色名录指数”“森林面积年变化率”“陆地自然保护区面积比例”）增加为 2020 年的 5 个（新增“内陆湿地和水域自然保护区面积比例”“生物入侵对生物多样性的影响”），总体评价结果一直为红色或者橙色，在全球的相对排名有所下降。

我国陆地自然保护区面积整体呈现增加态势，推动“陆地自然保护区面积比例”指标评分和相对排名逐渐提升，处于绿色或黄色状态。根据 2019 年《中国生态环境状况公报》，我国自然保护区陆域面积为 172.8 万 km^2，占陆域国土面积的 18%，相比 2019 年（142.70 万 km^2）增加 21%。“内陆湿地和水域自然保护区面积比例”指标自 2017 年参评以来未发生明显变化，评级一直为黄色。根据第二次全国湿地资源调查结果，全国湿地总面积为 5 360.26 万 m^2，湿地面积占国土面积的比率（湿地率）为 5.58%。此外，“濒危物种红色名录指数”评级一直为红色，属于亟须改善提升的指标。根据中科院发布的《地球大数据支撑可持续发展目标报告》，2004—2017 年我国高等植物和陆生哺乳动物的红色名录指数呈上升趋势，表明其濒危趋势有所缓解；同时，鸟类的红色名录指数呈下降趋势，濒危趋势进一步恶化。整体上看，濒危物种红色名录指数改善不明显。高等植物濒危、灭绝的主要原因是其生存环境退化或丧失，脊椎动物濒危、灭绝的主要原因是人类活动导致的其生存环境丧失和退化以及过度利用，非法贸易则是珍稀脊椎动物濒危的原因。“森林面积年变化率”指标整体上呈现不断向好的趋势，评级为绿色，与我国积极推进植树造林、不断提高森林覆盖率的形势一致。“生物入侵对生物多样性的影响”指标评估结果较好，评级为绿色，这得益于我国海关对入境货物实施的严格检疫行动，严禁境外有害生物（包括虫卵和微生物）流入境内，防止境外物种入侵损害本土生物多样性。

第六章　生态文明背景下城市生态环境污染及防控实践案例

第一节　洛阳市环境污染防控与可持续发展研究

洛阳市是中原经济区的副中心城市和丝绸之路的东方起点，其在“一带一路”经济圈带动下，抓住河南自贸区洛阳市片区的优势，大力振兴以涧西区为代表的老工业基地，整治以老城区为代表的历史街区，发展以洛龙区为代表的政治经济中心，使得各个城区协调发展，但其在发展过程中对环境有所忽视，致使当地雾霾、交通拥堵等现象频频出现。本节就洛阳市环境治理与可持续发展过程中出现的问题展开阐述并对其发展提供相应的建议。

一、洛阳市环境治理与经济可持续发展的现状分析

（一）洛阳市自然资源利用情况

洛阳市地势西高东低，境内山川、丘陵交错，地形复杂，山区面积占比最多，约总面积的1/2。山区主要集中于洛阳市的西南区域，不利于经济作物的生长，土地资源利用不科学，尤其反映在规模结构方面，如建设用地占比较大。另外，当地拥有储量颇丰的多种矿产，其中钼矿资源储量居全国第一，而矿产资源的过度开发带来了一系列问题，如地面沉陷、水污染、粉尘污染。

（二）洛阳市空气质量简述

洛阳市是一座以制造业而闻名的城市，其中入驻了很多工业企业。截至2018年12月底，具有一定规模的企业已经超过了1 859家，全部工业增加值2 990亿元，同2017年比增幅达9.5%；工业增加值突破1 386亿元，同2017年比增幅达9.8%；年原煤实际耗用量为2 580万吨，电力实际耗用量为3 372 611万千瓦时，焦炭实际耗用量约为24万吨，汽油实际耗用量为16 499吨。众多工业企业给当地的环保工作施加了极大压力。2018年，洛阳市环保机构对市区空气进行了全年不间断监测，结果发现，满足达标要求的天数共181天，占全年总天数的49.5%。其中，符合优级标准的天数共34天，占全年总天数的9.3%；符合良好标准的天数共177天，占全年总天数的48.5%；符合轻度污染标准的天数共93天，占全年总天数的25.5%；符合中度污染标准的天数共39天，占全年总天数的11%；符合重污染标准的天数共20天，占全年总天数的5.5%；符合严重污染标准的天数有1天，占全年总天数的0.3%。

二、洛阳市环境治理与经济可持续发展中存在的问题

（一）民众生态意识淡薄，公众参与度低

虽然洛阳市很早之前便开始围绕可持续发展这一主题进行了宣传，然而大多举措流于形式，实效不足。环保参与方主要是政府有关机构、环保领域的学者、一些环保意识较强的媒体以及各类环保组织，而企业与一般公众很少关注洛阳市可持续发展的问题。部分企业目光短浅，过分追求短期效益，缺少必要的责任感，不仅不参与环保工作，还存在抵触心理和行为。这种情况在很大程度上打击了公众参与环保事业的热情，进而使自身无法具备健康的、合理的生态意识。

（二）资源环境承载能力薄弱，环境治理能力仍需提高

近些年，洛阳市围绕可持续发展问题先后颁发了若干文件，这反映了当地政府开始注意可持续发展问题，并为之付诸了实际行动。然而，环境问题并非朝夕之间形成的，妥善解决环境问题也并非一蹴而就。在解决环境问题的过程中，不仅要构建起配套的政绩考核机制，还要构建起相应的环保监督机制，另外，以生态补偿机制为代表的一些保障机制也是不可或缺的。通过分析洛阳市的整体环境资源不难发现，其环境实际承载力不够，如何强化自身的环境治理能力依然是当地政府的一项长期工作和任务。在城镇化逐步推进的背景下，当地资源耗用量逐年增加，水资源污染形势严峻，城市“用水难”问题仍然突出；人地矛盾突出，土地集约利用水平低；矿产能源开发利用不尽合理，矿山地质环境问题仍然突出。

（三）环境质量改善效果不明显，环境问题依然严峻

中华人民共和国成立以来，洛阳市成为重工业的建设中心，在我国产业分工体系中以重工业为基础。重工业的大力发展给洛阳市的大气环境带来了不可逆转的伤害。尽管在政府部门的监督和帮助下，城市空气优质天数呈现出不断增加的态势，但是空气质量问题一直存在，且空气质量改善效果不明显，诸如雾霾之类的环境问题依然没有得到解决。地下水治理能力还比较薄弱，土壤环境质量仍在恶化。这些环境问题都是与可持续发展相悖的，洛阳市的环境治理之路还有很多需要改进的地方。

（四）可持续发展相关技术滞后

若想走可持续发展之路，那么引入新的环保技术，提升资源利用率，尤为必要。但新技术的引入和应用离不开人力、物力以及时间的投入。由洛阳市发展现状可知，当地对环保领域的投入不够，尤其反映在人力投入方面，导致很多企业迟迟无法建立起自身的绿色生产体系。此外，环境治理起效慢，对可持续发展技术的不断投入见效慢，这些与当下重视经济发展立竿见影的形势显得格格不入，也是可持续发展相关技术滞后的一个重要原因。

（五）城乡治理不均，环境问题凸显

在城镇化发展期间，洛阳市应以可持续发展的最佳方式去利用资源，攻坚克难，深化污染治理，全面加强生态环境保护，打好污染防治攻坚战。总体来讲，洛阳市污染物排放总量大幅度减少，取得了阶段性胜利。同时，由于二元结构的存在，洛阳市出现大面积的生活污染与工业污染叠加、各种新旧污染相互交织的现象；生活污水处理设备短缺或质不达标，以至于给水源造成污染；露天烧烤盛行，秸秆焚烧等现象频繁，给大气造成了相当严重的污染。因此，加强乡村环境治理力度，营造良好生态环境，构建可持续发展，是洛阳市环境发展的艰巨任务。

三、洛阳市环境污染防控与可持续发展策略分析

（一）可持续发展宏观策略

1. 打好蓝天保卫战

在推出短期治理方案的同时，还要推出长期治理方案。只有基于精细化理念进行治污、管理以及调控工作，打掉源头，扼住过程，扫除末端，多措并举，才能保证大气环境质量在有效治理中得以不断改善。

2. 加强推进碧水保卫战

坚定不移地推行境内全流域治理战略，将“水十条”真正落到实处，在“四河同治”的过程中，做到“三渠联动”，要将饮用水保护工作列为工作要点，对污染源进行集中、大力度地清理。将以洛新产业集聚区为代表的企业集聚区列为重点攻关对象，做好对它们的截污纳管工作，从而进一步提升此类区域污水的实际处理率。

3. 严格生态保护及其修复

坚守生态为民的理念，重视和做好生态修复工作，坚定不移地守护生态保护红线，在此基础上，为广大人民建构起强有力的生态安全屏障。

（二）多种措施并行，转变环境保护观念

近年来，洛阳市为改善自身环境，深入学习国家关于环保模范城市建设所提出的标准与要求，并积极付诸实践。例如，组建专门的创模指挥部，并要求相关部、委、局都行动起来，设立大量的创模办公室，目标统一，众志成城，使得政府的治理能力和治理体系得到最大限度发挥。重点推动以城市生态园林绿化提升为代表的多项有助于环境改善的工作，且在实践中取得了相当不错的成果。在不断实践摸索中，洛阳市政府逐级落实责任，加强生态文明宣传教育，推动绿色消费，鼓励企业转变经济发展方式，发展循环经济，使民众提高生态环保意识，逐步形成了政府、企业、公众三位一体的环保治理体系。在市区公交站的宣传栏进行宣讲，将在市区乱扔垃圾、不进行垃圾分类的居民与他们的征信系统挂钩，增强其环保意识；定期进行检查，农忙季节加强巡视检查，让"绿水青山就是金山银山"的观念深植于老百姓心中。

（三）加强环境综合治理，补位生态短板

受诸多因素的影响，我国居民普遍存在环保意识薄弱的问题，同时还存在一些危害环境的行为习惯，这极大地增加了洛阳市环境治理工作的难度。洛阳市人居环境的改善是环境治理的关键，只有有效落实环境治理工作，才能让洛阳市地区的天更蓝、水更清、环境更宜居。洛阳市大部分地区居于河流上游，倘若上游不治理，下游治理就不会有结果。因此，加强洛阳市环境综合治理是环境保护可持续发展的重中之重。例如，对污水排放进行集中处理，每个社区建造至少 2 个污水处理处、2 ～ 8 个公共厕所、5 ～ 18 个垃圾箱、2 ～ 8 个垃圾回收站，对每个社区的垃圾进行集中处理；对居民的餐厨垃圾、农作物垃圾等进行分类处理，每个县至少建造 3 ～ 7 个秸秆回收点，对老百姓耕地产生的秸秆进行回收再利用，并对老百姓进行补贴，从利益方面刺激农民增强环保意识。

第二节　天津市生态环境污染及防控

一、2021 年天津市生态环境工作简述

2021 年 2 月 19 日，天津市生态环境保护工作会议召开，会议指出，“十三五”全市生态环境保护工作的宝贵经验概括起来就是“六个根本”。一是必须坚持以习近平生态文明思想为根本遵循，切实用习近平生态文明思想武装头脑、指导实践、推动工作。二是必须坚持以人民为中心的根本宗旨，人民群众对优美生态环境的期待，就是环保工作人员的努力方向。三是必须坚持以改革创新为根本动力，主动谋新求变，创新发展的机制体质。四是必须坚持以绿色发展为根本路径，坚定不移贯彻新发展理念，推动结构调整、转型升级，从源头上大幅度减少污染物排放，解决制约环境质量改善的深层次、本源性问题。五是必须坚持以大环保格局为根本支撑，构建党委领导、政府主导、企业为主体、社会组织和公众共同参与的工作格局。六是必须坚持以建设生态环保铁军为根本保障。

“十四五”时期天津市坚持以改善生态环境质量为核心，全面贯彻落实新发展理念，协同推进经济社会高质量发展和生态环境高水平保护。坚持系统观念，遵循依法、精准、科学治污的原则，统筹做好碳达峰、碳中和的工作，推动了经济社会发展的全面绿色转型，加快推进生态环境治理体系和治理能力现代化建设，持续改善生态环境质量，为生态宜居的现代化天津建设奠定了坚实基础。五年来，全市深入学习并贯彻习近平生态文明思想，深入实施环境保护“三个十条”，从实际出发，积极探索“依靠结构调整控污染增量、依靠工程治理减污染存量、依靠铁腕治污管污染排放、依靠区域协同阻污染传输、依靠生态建设扩环境容量”的治理路子，基本完成“十三五”规划的 9 项约束性指标，生态环境质量明显改善。

二、天津市生态环境污染情况分析

大气、水、垃圾、噪声污染和资源浪费现象仍然存在，同建设现代化国际港口城市的规划目标相比，总体环境质量尚有一定差距，环境资源基础还比较薄弱，污染治理和资源保护工作任重道远。天津水资源短缺与水源严重污染呈

交互影响的复杂局面，城市水体污染问题突出，城市污水的大量排放，水质恶化，水资源短缺和水体污染的前景令人担忧；空气环境质量达标形势尚显脆弱，酸雨严重，“热岛效应”突出，空气污染由煤烟型向煤烟和机动车尾气混合型污染转变，总悬浮颗粒物和二氧化硫是长期以来影响空气环境质量的主要因素，环境空气质量很容易由于天气和管理原因出现下降；塑料包装物和一次性餐具及塑料方便袋的广泛使用，“白色污染”仍然存在；噪声污染总体上也不容乐观，光、电磁等污染现象日益增加；绿地面积不足且布局不够合理；地下水的集中超采导致地面沉降；耕地大面积长期污水灌溉和农药、化肥的不合理施用，导致土质下降；一些区域的产业结构不尽合理，部分工业生产工艺落后，乡镇企业污染及“三废”肆意排放；个别地区的市容环境脏乱差问题时有反复，尚未根本解决；自然资源的不合理开发利用等诸多原因，生态环境问题恶化。

天津城市化进程的进一步发展对天津市生态系统具有很强的影响作用，将超过环境承载能力和环境容量。因为城市化的聚集效应会推动城市人口快速增长和高度集中，进而通过经济发展、能源消耗和交通扩张等产生的废气、污水、固体废物、垃圾需要向外界输出，给天津区域生态系统造成强烈的生态胁迫效应。城市化发展中基础设施建设规模、城市汽车保有量等可能影响环境质量的诸多因素会持续增长，以及通过企业的能耗水平、排泄物的污染程度等来影响生态环境，形成对土地资源需求扩大，占用更多的耕地，城市生态用地难保证，打破土地生态系统长期存在的良性循环，从而对生态环境产生压力；改变城市区域生物地球化学循环，排放大量温室气体，造成严重环境污染；各种污染物产生量持续增加；社会生活和交通的噪声污染居高不下；浪费了大量的能量与物质，使得排废过多，恶化了城市环境，进而造成城市及周边地区资源、环境面临巨大的压力，以城市为中心的环境污染不断加剧。

三、天津市环境污染防控与生态城建设

（一）完成生态环境修复与治理

（1）污染底泥处理技术获得国家专利。编制《中新天津生态城污染水体沉积物修复限值》，填补污染场地修复领域国内技术标准的空白，形成污染底泥治理整套技术方案。

（2）盐碱地改良。生态城土壤主要类型为盐化湿潮土、沼泽滨海盐土、滨

海盐土、盐渍土以及污染土。探索实施适合盐碱地的土地整理方式，调配土壤，改善盐碱地的物理性质。实行本地植物为主的盐碱地绿化技术。以“排”为核心，形成“排—灌—平—肥”的盐碱地植物栽种和培育技术。

（3）湿地保护与修复。首先，完整保留保护自然湿地。严格控制土地出让范围，对区域内自然湿地进行保护和修复。其次，因地制宜建设人工湿地。尊重自然本底，保护自然湿地总量，保留原生态系统的主导作用。在水环境修复、绿化景观建设中增加人工湿地功能，尽可能保证区域生态格局的完整性。再次，保护湿地原生动物，突出生态效应，将自然本底和区域生态相联系，即蓟运河故道等候鸟过境、栖息湿地作为保护区域，限制开发，减少人为破坏。

（二）构建土地、水、能源、垃圾的综合开发和循环利用体系

（1）土地。生态城首先从土地资源出发，秉承“不占耕地”的原则，编制完成《中新天津生态城基础设施专项规划—竖向专项规划》，实现河道疏浚和土地整理双赢。

（2）水生态系统构建。一是还原和修复水生态系统自我调节能力，二是通过雨水收集、污水处理、再生水利用提高区内水源自给自足率。实现分质供水和有效节水。

（3）能源。生态城通过智能电网建设，同时发展太阳能、风能、地热能、生物质能等新型能源利用，优化能源结构，提高能源利用效率，构建能源供应体系。

（4）垃圾。建立全过程垃圾处理体系，生态城在垃圾处理各环节流程中前后衔接，建立长效的垃圾处理全过程管理机制。

（三）构建交通、建筑的节能减排体系

1. 交通

按照绿色出行比例达 90% 的目标，规划以轻轨、清洁能源公交、绿道为主的绿色交通体系，南部片区基本形成独立的自行车和步行道网络，大力推进交通节能。

（1）采用 TOD 交通模式即“以公共交通为导向的区域开发模式”。

（2）公交优先。生态城公交公司开展公交优先策略研究。

（3）绿道网络。绿道是城市内部的非机动车专用道路，与机动车道形成双棋盘格局。

（4）智能交通。一是智能化交通管理，二是交通信号控制，三是人性化的

交通信息服务，四是交通紧急事件的迅速响应，五是方便快捷的公共交通，六是高效的自动收费系统。

2. 建筑

按照绿色建筑100%的目标，探索建设“零能耗”建筑。目前住宅项目节能率超过70%，公建项目节能率超过55%，均优于国家和天津市地方节能标准。

建立全寿命周期的绿色建筑管理体系，制定《中新天津生态城绿色建筑管理暂行规定》，建立绿色建筑评价标准体系。

（四）与智慧城市建设结合

通过搭建以公共平台为核心的建设模式，实现信息资源的统一、共享。通过网络和多种技术相结合的智能化手段，打造智能政务体系，以实现从管理型政府走向服务型政府，通过“五平台一系统”使智能成果不断在城市建设中延续。“五平台一系统”即统一地理信息，搭建公共GIS平台；统一监测感知，搭建智能视觉平台；统一用户认证，搭建单点登录平台；统一移动应用，搭建公共移动平台；统一业务协同，搭建环境监测平台；统一空间数据，搭建规划审批系统。

（五）发展绿色产业，防控环境污染

重点关注现代服务业、文化创意、科技研发和金融等有巨大发展空间的“未来产业”。目前，基本确立节能环保、科技研发、教育培训、文化创意、服务外包、会展旅游、金融以及绿色房地产八大产业发展方向。完成五大产业园区布局定位，打造以发展文化创意产业为主的动漫园、影视园和信息园，以及环保科技产业为主的科技园、产业园等五大招商载体。减少环境污染，争创生态城。

第三节　长江经济带生态环境污染及防控

一、长江经济带生态环境简述

改革开放以来，我国综合国力不断提升，各方面发展速度非常快，已成为世界上第二大经济体，在世界经济中长时期保持着经济增长核心动力地位，但经济得到迅速发展的同时也面临着严重的环境污染问题。

长江经济带作为我国“三大支撑带”之一，其日益严重的环境污染问题已引起了国家政府的高度重视。习近平总书记多次对长江经济带生态环境保护工作做出重要指示，强调促进长江经济带的发展，首先需要有先进的理念，有关长江的经济活动都要坚持绿色发展，不能为了促进经济的快速增长而对生态环境进行破坏，始终要把保护生态环境放在首要位置，不进行大的开发，共同保护环境。中共中央下发的《长江经济带发展规划纲要》将关于长江生态环境的修复与保护工作放在首要位置。另外，长江经济带在我国具有最宽广的腹地以及发展空间，是近几年经济增长潜力最大的地区。

但目前由于众多重化工业在长江沿岸聚集，且都为了自身利益而发展，使得周围的生态环境质量日益下降，污染也在不断增加。长江经济带的经济发展与生态环境保护之间的矛盾越来越严重，因此经济与生态环境的协调显得十分重要。目前大多数文献讨论的是各类经济因素对环境污染的影响，着重研究经济增长与环境污染之间的关系，却忽视了影响环境质量的制度性因素，对于长江经济带这样的特殊区域更是很少涉及。特别是长江经济带作为我国经济发展的重心，其经济迅速发展的同时，“重化工围江”现象越来越严重，环境质量也在不断下降，生态环境优化是当前长江流域发展亟须解决的重要问题。

二、长江经济带环境污染的主要影响因素

（一）产业结构水平对环境污染的影响

长江经济带两岸聚集着大量工业企业，其中主要分为两种类型：一种是以第二产业结构为主导的重工型企业，一种是以第三产业结构为主导的服务型企业。这两种不同结构类型的企业对长江经济带的生态环境造成的影响截然不同。重工型企业很多仍遵循着高排放、高污染、低效率、低水平的粗放型生产模式，生产链条老化，生产技术陈旧，且很少具备完善的污染处理系统，产生的工业污染不经处理直接排放，因此这种传统的生产方式往往伴随着巨大的环境污染。与此相对，服务型企业则多为清洁型企业，利用低污染、低排放、高效率、高水平的集约型生产模式，以科技为导向，生产链条精简优化，生产方式灵活多变，在实现高产出的同时，很少甚至不会对环境造成污染。因此，产业结构对环境污染具有异质性，重工型企业会加剧长江经济带的环境污染，服务型企业则会抑制甚至降低环境污染。

（二）城市化水平对环境污染的影响

长江经济带的快速发展带来了较多的就业机会，这吸引了大量外来务工人员，长江经济带两岸城市人口急速增加，城市化水平不断提高。然而城市化水平的快速提高在促进城市经济财富增长的同时，也对生态环境造成了破坏。城市基础设施建设难以跟上城市人口增长的速度，原有的城市规划已无法满足新时期城市居民的要求，城市处于盲目、无序的扩张之中。过量的人口不断消耗着有限的城市资源，同时每日排放大量的生活垃圾，这些垃圾因为城市设施的不完善而得不到及时有效的处理，这严重污染了长江经济带两岸城市的生态环境，加剧了整个长江经济带的环境污染问题。

（三）科技创新对环境污染的影响

长江经济带作为国家的新兴经济发展基地，为了稳固自身在国家经济发展水平的前沿位置，就需要不断提高自身的科技创新能力。科技创新水平的提高，一方面可以优化长江经济带两岸的产业结构，引进高新技术产业，淘汰传统落后的重工业，实现两岸产业布局的新一轮革新，从而降低环境污染；另一方面可以优化长江经济带两岸的城市空间布局，科学合理地规划城市布局，确保城市以更合理的方式运行发展，使得城市的基础设施可以满足城市居民的需求，从而降低城市的生活污染。因此，科技创新水平的提高有利于降低长江经济带的环境污染状况。

（四）制度政策对环境污染的影响

国家、地方政府为了加速长江经济带的发展，为其提供了很多的优惠性政策。然而，部分地区政府为了加快本地区的发展，急于求成，没有考虑本地区的实际发展情况和其他限制性因素，盲目引进企业，不断聚集外来务工人员，这对本地区的资源与环境都造成了较大压力。部分政府为了快速实现本地区、本城市的经济增长，加速财富的累积，大量引进重工企业，并不顾城市承载力加大开发，从而造成了严重的工业、生活污染，破坏了长江经济带的生态环境。

三、长江经济带环境污染防控策略

（1）构建区域联防体系，明确相关部门责任。长江经济带各区域相关负责部门缺乏沟通合作，面对污染问题尤其是区域间的交叉污染状况，难以及时地形成统一的应对策略，因而严重影响了污染的治理效果。这就需要在区域间构建联合防治体系，在防治经济带污染过程中可以及时、高效地进行部署规划，落实治理效果，降低区域间的污染差异。

（2）提升科技创新水平，加快产业升级优化。扭转“重化工围江”的情况，增加新兴技术企业是提升长江经济带环境质量的重要途径，这需要科技创新力的支持。通过人才与技术的引进，结合自身的不断摸索，不断提升区域整体科技创新能力，一方面可以吸引更多的高新技术产业入驻，另一方面能够优化升级部分传统工业企业陈旧的生产链条，降低环境污染。

（3）合理规划城市建设，抑制经济过热发展。长江经济带流域两岸许多城市为了实现经济的快速发展，忽视了城市本身的承载力与控制力，热衷于大规划大建设，带来了严重的环境生态隐患。因此，城市政府必须根据自身实际承载能力，科学地进行城市发展规划，合理地促进经济增长，在保护生态环境的基础上，实现科学、可持续性发展。

（4）谨慎制定制度政策，坚持保障可持续发展。长江经济带各地区政府与相关管理机构在制定本区域发展规划时，必须坚持从实际出发，结合本地区实际发展情况，在考虑本地区未来持续性发展的基础上制定各项制度措施。创造良好的招商条件，多引进高产出、低污染的高新技术型企业，提高重工型企业的进入门槛，加大对人才技术的投资力度。一方面引进外来人才、科技，另一方面培养本地区独有的人才技术，提高地区创新力与竞争力，努力构建生态城市、智慧城市，提高长江经济带整体的生态环境水平。

四、长江经济带生态环境的改善与成就

在 2021 年 1 月 5 日举行的推动长江经济带发展五周年专题新闻发布会上，国家发展改革委基础司司长罗国三说：“长江‘十年禁渔’全面实施，生物多样性退化趋势初步得到遏制，有‘微笑天使’之称的江豚越来越多出现在人们视野中。”五年来，沿江 11 省市和有关部门坚持问题导向，强化系统思维，以钉钉子精神持续推进生态环境整治，促进经济社会发展全面绿色转型，力度之大、规模之广、影响之深，前所未有。长江经济带生态环境保护发生了转折性变化，经济社会发展取得了历史性成就。

（一）绿色发展理念深入人心

推动长江经济带发展领导组办公室综合协调组组长王善成介绍，五年来，

长江经济带生态环境保护发生了转折性变化，干部群众的思想意识发生了根本变化，生态优先、绿色发展的理念深入人心并转化为实践。

目前，一大批高污染高耗能企业被关停、取缔，超过 8 000 家沿江化工企业、1 361 座非法码头彻底整改，2 441 个违法违规项目已清理整治 2 417 个，两岸绿色生态廊道逐步形成，沿江城市滨水空间回归群众生活。

长江流域优良断面比例从 2016 年的 82.3% 提高到 2019 年的 91.7%，2020 年 1 月至 11 月进一步提升至 96.3%，长江流域劣Ⅴ类水质比例从 2016 年的 3.5% 下降到 2019 年的 0.6%，2020 年首次实现消除劣Ⅴ类水体。

（二）经济社会发展取得历史性成就

在生态环境发生转折性变化的同时，长江经济带经济发展也取得了历史性成就。

1. 经济保持持续健康发展

长江经济带经济总量占全国比重从 2015 年的 42.3% 提高到 2019 年的 46.5%，2020 年前三季度进一步提高到 46.6%。新兴产业集群带动作用明显，电子信息、装备制造等产业规模占全国比重均超过 50%。

2. 综合运输大通道加速形成

长江干支线高等级航道里程达上万千米，14 个港口铁水联运项目全部开工建设，沿江高铁规划建设有序推进，成都天府机场、贵阳机场改扩建等一批枢纽机场项目加快实施。

3. 对外开放水平大幅提高

长江经济带与“一带一路”建设融合程度更高。上海洋山港四期建成全球最大规模、自动化程度最高的集装箱码头，宁波舟山港成为吞吐量超 11 亿吨的世界第一大港，中欧班列线路开行达 30 余条。2016 年以来，新增 8 个自贸试验区、24 个综合保税区，2019 年货物贸易进出口总额突破 2 万亿美元。

4. 绿色发展试点示范走在全国前列

上海崇明、湖北武汉、重庆广阳岛、江西九江、湖南岳阳结合自身资源和地区特色，探索生态优先绿色发展新路子。浙江丽水、江西抚州深入推进生态产品价值实现机制试点，为绿水青山转化为金山银山提供了有益经验。

5. 体制机制不断完善

《中华人民共和国长江保护法》于 2021 年 3 月 1 日起施行，长江大保护由此进入依法保护的新阶段。生态环境行政执法、刑事司法和公益诉讼的衔接机制初步建立。建立长江经济带发展负面清单管理体系，加快完善生态补偿、多元化投入等机制，为推动长江经济带发展提供了有力保障。

（三）建设和谐共生的绿色发展示范带

针对一些破坏生态、污染环境的典型案例，相关领导表示，将紧盯这些问题和问题的成因，制定针对性的政策，建立长效机制，力求从根本上解决各类问题。在提高认识、强化责任落实的基础上，一方面要提升治理能力，夯实保护修复基础，另一方面要推动创新转型，加快绿色发展，力争早日实现从水质逐步好转的量变到恢复长江生物多样性的质变，真正走出一条高质量绿色发展的道路。

另外，要在严格保护生态环境的前提下，全面提高资源利用率，加快推动绿色低碳发展，努力建设人与自然和谐共生的绿色发展示范带。

第四节　哈尔滨大气污染治理与防控

哈尔滨市独特的地理位置和气候条件，决定其大气层结构稳定，极易形成逆温层。随着哈尔滨市经济的快速发展，当地工业废弃排放数量、供热面积等都出现了快速增长的情况，环境承载能力的污染物排放量因此严重超标。尤其在每年的冬季，人们会增加煤的使用率，进而排放对环境和身体都不利的气体，从而加剧了大气对环境的污染。因此，应当用科学合理的方式对大气污染进行治理与防控，降低对生态环境的破坏程度。

一、哈尔滨秋冬季大气污染主要来源

（一）民用散煤污染

民用散煤广泛用于小型锅炉，家庭取暖和餐饮行业，一直是中国北方城乡冬季采暖的主要能源，其价格便宜但灰分、硫分比例高。当民用散煤燃烧时，会产生大量的有害物质，如颗粒物、二氧化硫、氮氧化物和烃类等，大气中的这些污染物又会发生一系列化学反应生成二次污染物。大量未经处理的烟气从低空直接排放到大气中，对环境和人类健康造成严重危害。随着国家对大气环境的重视，化石燃料固定源、移动源的排放标准变得更加严格，部分地区的火电厂已经达到超低排放标准。在其他污染源都被削减的情况下，民用散煤对大气环境的污染就凸显出来，尤其在大气扩散条件不好的情况下，民用散煤燃烧

对区域大气环境产生了严重影响。

（二）秸秆焚烧污染

秸秆焚烧对我国这样一个农业大国来说是一个难以回避的大气环境污染问题。秸秆燃烧后会产生大量的污染物，当这些污染物与城市工业源排放的污染物结合后会造成区域雾霾污染，其中二次无机颗粒物、二次有机气溶胶和多环芳烃等对人体危害巨大。

东北地区是中国最重要的粮食生产基地，作物秸秆资源丰富，东北地区的秸秆产量约占全国秸秆总产量的20%，但秸秆综合利用率不太高。近年来东三省秸秆焚烧现象趋于严重，其中黑龙江省的火点数和排放量均高于其他省。黑龙江省在某个时间段内出现了历史上最强的雾霾天气，一些黑龙江周边的高速公路因此封闭。原环境保护部遥感卫星中心公布的“全国秸秆焚烧监测数据”，说明秸秆焚烧是造成当时空气重度污染的重要因素，并且秸秆焚烧对城市空气质量的影响具有数天的滞后现象。

（三）工业大气污染

哈尔滨市是全国重要的能源及化工原料产地，工业经济的发展造成了各种大气环境污染问题，制约了地区环境和经济的协调发展。以煤炭消费和火力发电为主的能耗方式和以资源型行业为主的产业结构，导致哈尔滨市环境质量改善压力大，进而影响了其经济与环境的可持续发展。

哈尔滨市冬季大气污染与燃煤供暖具有不可分割的联系。由于天气寒冷，哈尔滨市采暖期长达半年之久，这期间采暖锅炉的集中使用会消耗大量煤炭，其燃烧后会产生各种有害杂质并排放到空气中，成为哈尔滨市冬季空气污染的重要来源之一。

相关数据显示，从2018年到2021年，哈尔滨市工业源排放的二氧化硫和氮氧化物呈现逐年下降的趋势。其中二氧化硫的减排效果显著，原因可能是哈尔滨市在近几年对小型锅炉进行了相应的整治工作。但是需要进一步执行烟尘的超低排放标准。

（四）交通大气污染

随着城市的发展和人民生活水平的改善，哈尔滨市的机动车保有量不断增加，交通污染对采暖期大气污染的贡献率也逐渐升高。机动车在启动和行驶过程中会产生大量污染物，如颗粒物、一氧化碳、氮氧化物和挥发性有机物等，特别在城市中心区域，交通拥挤，机动车怠速比例高，污染物集中排放且不易扩散，机动车尾气排放对雾霾的贡献也越来越突出。进入采暖期后，由于道路结冰等不利气象因素的影响，道路机动车怠速时间增长，行驶速度降低，导致更多的污染物排放到大气中，进一步加重哈尔滨市的大气污染程度。

二、哈尔滨市大气污染防控具体措施

有关资料显示，哈尔滨市目前整体环境空气质量不断提升，不过季节性大气环境问题较为严峻。据数据统计，严重的时候超标天数超过了130天，其中有30天达到了重度以上污染，这些主要集中在冬季采暖阶段。为了扭转这一局面，加快冬季大气污染治理，切实改善空气质量，按照相关要求，结合哈尔滨市实际情况，哈尔滨市制定《哈尔滨市冬季大气污染治理实施方案（2020—2022年）》（以下简称《方案》）。《方案》要求经过3年努力，全面完成省委、省政府确定的目标任务，大幅减少大气污染物排放总量。到2022—2023年供暖期，重点区域燃煤用量大幅下降，替代燃煤260万吨，重污染天数比2019—2020年供暖期减少40%，达到16天以下。在建立该方案的基础上，当地政府从以下几个方面落实治理大气污染的工作。

（1）采取秸秆综合利用措施，降低污染物排放量。哈尔滨市有耕地面积200多万公顷，秸秆资源总量预计达2 000万吨，是一笔巨大的资源。为此哈尔滨市在禁止秸秆焚烧的同时，为秸秆综合利用找到了很多路径。首先是秸秆能源化。人们先将收集来并晾干的秸秆粉碎，秸秆粉碎后进入专业机器，经除尘、加工后变成生物质燃料。其次是秸秆化肥化。秸秆在有机肥中可以起到稀释水分和发酵的调和作用，在生物有机肥中添加秸秆可发挥较大的作用，提高产量。哈尔滨市在坚持秸秆燃烧的基础上，科学规划，调整秸秆利用产业布局，降低污染物的排放。

（2）实行锅炉改造，降低消费中的燃煤比重。①淘汰重点区域燃煤锅炉702台。按照《方案》，通过治理农村燃煤污染、治理城中村散煤污染、治理棚户区散煤污染、热源建设及老旧小区改造、开展冬季大气污染专项治理等六大重点任务，提升和改善环境空气质量。②治理农村燃煤污。将“一家一户一热源”普及与“一村一屯一热源”试点相结合，推进乡镇政府所在地集中供热并向周边村屯延伸。全市3年内4.54万户冬季常住采暖农户实现替代散煤6.84万吨。重点区域、次重点区域禁止使用燃煤。③治理城中村散煤污染。坚持“一片一策”分类施治，通过实施村屯搬迁改造，实现电、气或生物质等替代燃煤。坚持清洁能源为主，禁止使用燃煤。全市治理城中村 48 片，近 6.66 万户、2 700 万平方米，可替代燃煤 9.96 万吨。④治理棚户区散煤污染。加快改造道里、道外、南岗、香坊区基础设施不完善、房屋破旧、影响居民生产生活、群众改造意愿强烈的棚户区，确保 3 年内征收改造棚户区 2.46 万户、房屋总建筑面积 236 万平方米，实现清零，压减燃煤 7.38 万吨。实施老旧小区、自供热居民楼、管网、节能建筑改造，可替代燃煤 216 万吨。④治理燃煤锅炉污染。继续扩大锅炉淘汰范围，突出重区域特别是核心区域燃煤锅炉淘汰，3 年内实现市区建成区（核心区域）35 蒸吨以下和县（市）城关镇建成区 10 蒸吨及以下燃煤锅炉"清零"、35（含）至 65 蒸吨执行特别排放限值，供热锅炉实施"煤改气"纳入城市调峰。淘汰重点区域燃煤锅炉 702 台，替代燃煤 19.73 万吨。3 年计划完成全市现役燃煤电厂和 9 区 65 蒸吨及以上燃煤锅炉超低排放改造 142 台。

（3）鼓励、扶持新能源交通工具投入使用，增加公共交通新能源汽车比重。约 4 万辆的老旧车、黄标车被淘汰。相比国家阶段性新车排放标准来说，机动车低于该标准则一律不得转入、注册。对于机动车排放检验机构需要做好及时的检验监督，不断扩大范围。2019 年，新增绿色清洁燃料公交车数量为 941 辆，新能源、清洁能源出租车增加了 1 400 辆。

（4）完善恶劣天气应急措施，改善当前的预案启动条件。哈尔滨市政府制定高标准预警预报，当可能出现长时间、高浓度重污染天气情况时，需要将预警从 48 小时缩短至 24 小时。在污染天气梯次限产、停车重点排污单位名录建立方面，都需要从污染大气污染物排放情况、社会敏感度情况出发，对响应优先次序、限产比例以及停车启动条件等进行明确规定。

三、完善哈尔滨治理大气污染的对策

（一）完善监督机制

1. 建立健全环境执法监管机制

执法力度困难是目前哈尔滨市大气污染治理面临的主要问题。针对这种情况，应考虑立足于现行环境保护管理制度体系，在污染排放制度方面不断完善，使交通移动源、农业面源、工业生产点源污染物被覆盖，结合污染物情况以及大气污染物介质，有针对性地调整政策。同时，哈尔滨应以环境保护法律框架为指导，扩大环保机构的权职范围，如增加处罚权利、警告权利等。为保证环境执法监管有据可循，还需在其他排污评级制度、企业登记注册等方面着手，确保在大气污染处理中做好监督工作。另外，环境执法监督还需明确具体的执法监督范围，对各行业如交通运输业、建筑行业、餐饮业、农业以及工业等，以保证环境执法监管覆盖各行业领域，有针对性地调整大气污染治理政策，为各项政策的落实提供坚实的保障。

2. 强化企业与政府治理行为的相互监督

哈尔滨市的大气污染治理工作需要全社会的参与。政府部门应做好大气污染治理的规范和引导作用，企业需要配合好政府治理大气污染的相关管理工作，民间环保组织以及社会个人做好对政府部门及企业的监督工作。只有社会各界的力量联合起来，才能确保大气污染治理防控工作取得预期效果。

（1）明确政府和企业在治理大气污染中的职责。第一，政府是哈尔滨市治理大气污染的中坚力量，在大气污染治理中的主要作用是规范、约束和引导，主要包括治理大气污染政策的制定与执行、对企业生产过程中的环保行为进行监管、鼓励企业积极响应政府颁布并实施的大气污染治理政策、处罚企业生产过程中相关的违法违规行为等。政府需要运用法律法规和政策对企业的生产行为进行规范和引导，确保企业的生产行为完全符合大气环保标准。第二，企业的生产是大气污染的重要源头之一，企业在生产过程中除了要响应和遵守政府提出的大气污染治理政策和制定的法律法规外，还需要对政府治理大气污染的政策执行过程进行监督，对有关部门和单位在执行治理大气污染政策中的违规违法行为敢于说不，运用法律武器维护自身的权益，规范相关部门和单位的执法行为，同时可以向政府有关部门提出大气污染治理的相关建议，为哈尔滨市的大气污染治理工作贡献更多的力量。

（2）完善大气污染信息公开制度。第一，政府需要建立完善的环保信息公开制度，对于在环保检查中出现问题的企业除了责令整改外，主流媒体还要定期公布企业名单，让全社会参与到大气污染治理工作中。此外哈尔滨市政府还要及时全面地向社会公布环保信息，包括最新环保政策、环境治理成果、环境治理中出现的违规行为等，让社会各界对政府的大气污染治理工作进行监督，这样不但可以提升政府的公信力，还可以培养民众的环保意识。第二，企业需要及时公布自己的环保信息，特别是重度污染企业，这样更方便政府的监管，也有利于民众的监督。

（3）建立完善的奖惩制度。这里的奖惩制度包含两个层面。第一，针对企业的奖惩制度。鼓励生产企业提升生产工艺及技术，加快设备更新，选择污染排放较少的工艺及设备，对于节能减排工作较好的企业给予其需要的奖励或者补贴，对于生产技术及设备落后、节能减排不达标的企业要责令其整改，并公布节能减排工作不到位企业的名单，对于严重违反节能减排相关政策的企业除责令整改外还要进行处罚。第二，针对政府职能部门的奖惩制度。对于以“环境保护”为借口刁难企业，影响企业政策生产的行为坚决予以打击，为企业的规范有序生产保驾护航。对于群众举报的环保置若罔闻、执行环保政策不积极、对出现的环保问题不积极处理等行为要问责，确保环保工作的高效性。

3. 拓宽多种大气污染监督形式

哈尔滨市在治理大气污染中要扩大环保工作监督主体，除了强化环保行政主管部门的监督管理职能外还鼓励更多的力量加入环保工作监督。

（1）强化民间环保组织及民众的监督作用。大气污染问题对全社会都有影响，哈尔滨市治理大气污染工作需要联合社会各界力量进行。民间环保组织、民众、媒体等对政府大气污染治理行为以及企业的生产行为进行监督也是参与大气污染治理的重要方式。因此政府应建立并完善社会团体及个人对于治理大气污染工作的监督体制，引导和鼓励这些社会组织和个人参与到大气污染治理监督中，激发他们参与大气污染治理的积极性，发挥他们在大气污染治理中的主观能动性，充分发挥民众及社会团体在哈尔滨市治理大气污染中的监督作用。

（2）强化行政部门的监管职能。政府行政部门行使大气污染治理监管职能包括两个方面。第一，强化部门之间的相互监督。大气污染治理涉及多个部门，这些职能部门在处理治理大气污染中包含很多工作，这些工作是否有效落实直接关系到大气污染治理效果。因此不同部门之间对其他兄弟单位的职能行使情况进行监督可以极大提升职能部门的工作效率，确保各项工作有效落实。第二，部门内部要对工作人员的行为进行监管，确保工作人员在大气污染问题处理过程中遵守法规。

（3）强化行政监察人员的监管权力。行政监察部门的主要职责是对大气污染治理相关职能部门及行政活动进行监管。从哈尔滨市的实际情况来看，哈尔滨市的行政监察人员的权力非常有限，在开展监察工作中很多行为受到被监察部门的牵制，在监察过程中即使发现了问题也无法快速有效解决，还需要通过汇报上级部门后才能解决，这就造成目前行政监察工作形同虚设。哈尔滨市在后续治理大气污染的过程中必须要赋予行政监察人员更多的权力，确保监察人员在发现问题后敢于提出问题并能够及时解决问题，这样对于提升大气污染治理相关职能部门的工作效率和效果具有积极作用。

（二）对经济发展结构进行优化

1. 调整产业结构

哈尔滨市重视产业结构调整，加大环境污染治理力度，转变经济增长方式，通过严格管控污染严重的企业，逐渐减少产能落后的企业来优化产业结构。必须紧跟时代步伐，综合考察，支持和鼓励高新技术产业的发展，加大新能源的应用范围，采用节能减排新技术，使用环保材料，加大污染治理力度，全面推动污染治理工作。重视生态化建设，着重打造促进生态发展的工业园区，控制石油化工、水泥等污染行业的产能，促进生态系统建设工作的开展。哈尔滨市通过产业结构调整和优化，逐渐远离高污染、高能耗、高水耗的行业，鼓励企业创新，积极引进新的生产设备，改变环境污染状况，在进行经济建设同时不破坏生态环境。

哈尔滨作为老工业城市，多年的工业生产给城市带来了严重污染，需要通过优化本市产业结构，适当推动其他产业的发展。分析哈尔滨市资源分布可知，当地有着丰富的旅游资源，并且旅游资源特色鲜明，因此哈尔滨市有条件大力发展旅游产业。哈尔滨市位于欧亚大陆与东北亚交界的地方，交通条件十分便利，这为哈尔滨市发展旅游业提供了良好的便利条件。随着信息时代的到来，互联网技术深入社会各个领域，因此可以在金融业、物流业等方面应用发达的互联网技术，还要大力发展对外贸易产业，加大本市产业结构的优化力度。从整体分析，哈尔滨市的科技成果在全国处于数一数二的地位。在当前的背景条件下，政府更应该高度重视科技成果的应用，提高科技成果的转换率，同时还要严格把控消耗能源较多、对环境污染较大的产业，积极引进先进的生产技术和生产设备，大力扶持新兴产业的发展。

2. 优化能源结构

近些年来，我国经济发展速度很快，大大提升了人们的生活质量，而人们也逐渐认识到环境污染为我们带来的各种危害，保护环境的要求越来越高，因此摆在我们面前最重要的问题是如何在不破坏生态环境的同时大力发展经济。如今，新能源技术不断提高，使用清洁型能源的趋势越来越强，煤炭、石油等能源的消耗量逐渐缩减，政府不断加大宣传力度，引导企业和居民在生产生活中使用太阳能、天然气、风能等清洁型能源。要进一步推广清洁型能源的使用，转变能源结构。但是，通过分析哈尔滨市当前的能源结构发现，转变能源结构并不是一件能轻易完成的事，可能会花费很长一段时间才可能实现。

由此可见，哈尔滨市必须严格控制煤炭资源的消耗量，并制定和实施相应的规章制度，减少工业中的煤炭资源消耗量。改造商业经营燃煤锅炉和工业生产燃煤锅炉的同时要尽快建设立集中供热系统，还要进行建筑供热计量，启动节能项目。推广热能源不仅可以降低对空气的污染程度，还可以有效减少煤气中毒事件。哈尔滨市正在加紧改造燃煤供暖结构，利用集中供热系统解决居民的供暖问题，这为当地居民带来了很大的益处。哈尔滨市政府通过颁布并实施一系列的政策措施，大大提高了居民减少使用煤炭资源的主动性，而且为了促进“煤改电”“煤改气”，政府还专门颁布了相关政策，促进了能源结构的优化升级，增加了清洁型能源的应用范围。通过增加使用太阳能、热泵等清洁型能源，煤燃气的需求量大大减少，进一步减少了排放到空气中的污染物有害量，本地能源应用结构更加合理，从而真正实现了发展经济的同时保护生态环境的目标。

3. 调整空间布局

通过分析哈尔滨市的城市布局可知，绿地规划以及工业污染物的排放对城市环境质量起着决定性作用。城市工业布局必须对该区域环境容量进行综合考量，确定是否会超过环境污染相关标准。经济因素、地理环境因素以及气候条件等因素都会影响城市工业空间布局，因此只有确保工业空间布局合理化，才能更好地进行社会生产，减少对环境的破坏。城市必须进行绿地规划，这不仅关系到城市形象，还可以有效降低污染的程度，也就是说绿地对污染具有稀释作用，如日常生活、交通工具排放的废气、工业生产排放的有害气体都可以通过绿地进行稀释，因此绿地在保护城市环境中发挥着重要作用。由此可见，哈尔滨市政府要从这一视角出发，制定科学合理的城市绿地规划，改善本市生态环境。哈尔滨市要对城市功能分区进行合理化安排，成立工业园区，使城市居住区、商业区与工业区分离开来，各功能分区之间保持适当的距离，另外，还要在气象局管控职责范围内增加区域气象分析问题。还有一点需要指出，必须合理规划城市交通系统，综合考虑，根据多方面条件制定绿地规划，解决城市绿地过少的问题，既要发展经济，又要改善生态环境。

（三）推进治理主体多元化

1. 引导和激励企业承担社会责任

企业作为市场主体的中坚力量，其生存和发展离不开政府和社会的支持，同时，企业回报社会，承担起必要的社会责任也是其生存和发展的必要条件和法定义务。哈尔滨市是我国重要的工业基地，各类企业众多，尤其是大型国有企业和民营企业相对集中。这些企业既是环境资源的消费者，又是环境污染的制造者。在环境治理尤其是大气污染防治中其作用尤为重要。因此，政府要积极引导和鼓励企业担任环境治理的主体，发挥其优势，承担起责任。制定政策和地方法规，从企业自身入手，下大力气狠抓污染物排放，出台严格的惩罚措施，严厉打击乱排乱放。同时，对主动参与环境治理并做出贡献、形成示范的企业，给予物质和精神鼓励。通过赏罚分明、以奖为主的手段，营造良好的氛围，让企业参与环境治理成为一种自觉。

2. 发挥社会组织的作用

社会组织来源于民间，具有草根性和公益性。正是基于这两个特征，其在社会治理中能够填补政府主体力量所无法达到的空白，日益成为国家治理体系的重要组成部分，在整合社会关系、利益协调和社会监督和提供公共服务方面发挥着重要作用。

哈尔滨市目前有各类社会组织 7 000 余个，它们遍布哈尔滨市所属城乡各地，涵盖教育、科研、文化、卫生、工商、农业、法律、环境保护和城乡建设等领域。如何发挥这些社会组织在大气污染治理中的作用是政府必须思考的问题。一方面，要加党中央对社会组织的管理，通过政策引导和资金扶持，促进社会组织的发展，完善社会组织自身的建设，为其参与环境治理、提高治理能力奠定基础；另一方面，通过政府购买等途径，为社会组织参与环境治理、营造环境保护氛围创造条件。

3. 提高公众自觉参与的积极性

按照我国相关法律法规的规定，任何个人、单位、组织都无权对当地所处的生态环境进行污染或者破坏，一旦发现任何个人、单位、组织等有相关的不良行为，相关发现者有权利且有义务将其行为进行举报。其受理对象可以是当地的环保部门，也可以是相关的环保监督部门。对保护和改善生态环境有显著成绩的，应给予表彰和奖励。哈尔滨市常住人口是环境保护和生态文明建设的重要力量。政府在进行环境治理工作中，必须重视发挥社会公众的力量，采取有效的手段，引导和鼓励社会公众的积极参与，做到环境保护和空气治理的全员参与。首先，加大环境保护工作的宣传力度，提高公众对环境保护和治理的认知度，提升公众素质，从自我做起自觉维护环境质量。其次，畅通多种形式的举报渠道、完善举报奖励制度、评选环境保护模范等等有效手段，提高公众的参与热情，在全社会树立起保护环境人人有责的良好氛围，促进哈尔滨市空气污染治理的工作的有效开展。再次，制定必要的惩戒制度，对于乱烧秸秆、路边烧烤等危害环境和空气质量的个别人进行必要的处罚，达到警示教育的目的。

第五节　西北地区东部中小型城市生态环境污染及防控

一、西北地区东部中小型城市生态环境的规划与发展

城市是人类文明的象征，是生产、积累和传播人类社会物质和精神财富的中心，是社会生产力发展的产物，是人类对自然环境干预最强烈、使自然环境变化最大的地方。工业化进程急速加快而产生的人口剧增、能源短缺、大气污染、水资源消失等生态环境问题越发突出，由于城市扩张所引起的各种问题逐渐暴露出来，生态问题成为当前必须重视的问题，而生态理念也将贯彻于各个行业。20 世纪 90 年代初，可持续发展的思想逐渐成为世界各国在经济、社会和环境方面的指导思想。自 1992 年联合国环境发展大会召开后，我国积极进行可持续发展战略的实施，在经济、社会和环境各方面都有了显著的成就，使得绝大多数城市快速发展，城市的环境也得到了明显改善。但在西部地区，尤其西北地区，经济发展水平落后，先天自然生态环境脆弱，可持续发展在西北地区的成效大打折扣。在我国，改革开放以来，人民的生活水平得到了很大提高，但在发展生产的同时，城市的各种生态化问题也日益出现，我国人口的急速膨胀、城市建设用地的无限扩张都给社会带来潜在的威胁。在中小城镇，经济发展的落后观念，城镇规划缺乏一定的科学理论指导，从而导致生态环境越来越脆弱，极大地阻碍了城市的发展，给城市和社会的进一步发展也带来了巨大压力。

长期以来，我国城市规划的方法和理念相对比较稳定，其总体布局一般分为近期、远期两个阶段，这种传统的规划方法在我国近些年的城市生态规划实施过程当中取得了一定的成绩，但是这种传统的城市规划方法的局限性也逐渐从规划实例中暴露出来。从我国东南沿海发达城市近年来的发展可以看出，虽然这些发达城市在经济发展、城市的建设水平和城市的管理经营有了质的突变，但在城市的总体规划和布局结构方面还存在很多问题。

西北地区东部整体的经济发展相对全国而言属于经济发展落后地区，生态环境脆弱，加之该地区在城市规划和建设中存在不合理的方面，如工业布局与结构不合理、人均建设用地指标过大、环保建设投入不足，使得西北地区东部中小城市的发展受到制约。生态规划是以可持续发展理论为基础，使生态系统整体优化的观点，遵循生态学和经济学的规律，通过研究规划区域内复合生态系统的结构、功能及生态过程以及相互作用的关系，然后进行系统的分析，进而提出保护和合理利用自然资源，使生态环境得到恢复及保持良好状态的规划对策，以促进社会、经济和生态环境复合系统结构的改善，功能进行强化，最终实现生态环境、社会文明和经济三者的和谐统一，使生态环境污染得到良好的治理与防控。

二、西北地区东部中小城市“生长型”生态环境污染防控与规划

城市是社会－经济－自然的复杂的复合体。目前，城市生态规划思想和城市的可持续发展思想已经成为城市发展的主流，如何评估城市生态规划的合理性和可持续性是需要解决的问题。通过建立一套合适的城市生态规划的评价指标体系作为评价城市的合理性和可持续性是连接目前城市发展主流思想及实践的纽带。通过建立符合西北地区东部中小城市的状况、发展能力和水平的指标体系，评价城市生态规划中经济、社会、环境和生态诸方面遇到的问题和发展潜力，并从这四个方面着手，建立一套具有动态和灵活性的“生长型”城市生态规划指标体系，通过对评价结果的研究和分析，提出适应西北地区东部中小城市的具有指导性的对策和建议。

（一）关于“生长型”生态规划的理念分析

城市规划的本质是对社会经济和文化等综合影响所导致的环境物质空间的变化发展，也是对城市未来的一种预测和引导，这种预测和引导是建立在城市发展和生长的前提下的。

由于人类的活动和社会经济发展不会停止，所以城市的生长也不会停止。人类活动和社会的经济发展是城市的生长在一定地域空间上的投影。因此城市的生态规划毫无疑问应该研究这个永不停止的生长过程，并在实际的规划成果中也应该充分体现这个生长过程。由于城市在不断生长，所以在生态规划中，无论是对城市经济的发展、城市社会的分析，还是对城市空间的发展方向、形态与结构布局的研究，或是对城市的规模、性质的确定，都应该具有选择的可

能性和能够体现变化的动态特点，而不是静态的、唯一的。

“规划快不过变化”说明了一个城市的可选择和动态的变化在城市的发展过程中是随处发生的。好的规划的最大作用应该是为城市的未来发展提供尽可能多的选择和可能性，并使其保持合理的一种结构布局关系，增强对规划的选择和预见性内容的强调和认可。适合城市的规划既顺应自然环境和自然的发展，又能顺应城市的发展规律，使城市的空间环境、社会经济能够公平、高效、健康且持续地发展。能够体现和反映城市动态变化过程的具有可操作意义的规划，能够给城市未来的发展和项目的安排留有灵活的变化调整余地，同时能够使城市在发展的过程中保持一种持续、紧密、合理的布局，能够反映一座城市由小到大的变化，以及城市的形态和结构布局的发展变化。简言之，就是运用具有生长特点的规划去描述城市的生长过程。

由于城市的发展是连续的，因此一些固定的时间概念在城市的发展过程当中并没有实际意义。规划应该体现城市的连续发展过程，故应该淡化固定的时间概念，而只对整体的时间概念予以关注。

城市的“生长型”生态规划不但能够充分反映城市布局的结构，而且能体现出城市的形态和结构由小到大的变化发展过程。生态规划无论在结构、形态还是发展变化过程中，“生长型”都贯穿于城市整个的发展过程当中。

综上所述，“生长型”城市生态规划不仅体现了城市自身的由小到大的变化发展过程中的动态性，还体现了生态规划指标体系的合理、持续和可发展性。所以动态思想和预测思想应该贯穿于整个城市生态规划当中。

（二）西北地区东部中小城市“生长型”生态规划指标体系的设计原则

笔者认为，在进行西北地区东部中小城市的“生长型”生态规划思想从理论到应用阶段需要有一个指标体系作为规划思想的方法支撑。“生长型”生态规划指标体系的设计应该遵循以下原则。

1. 科学性、实用性原则

本研究的“生长型”城市生态规划指标体系要以科学的理论作为依据，要有一定的科学内涵，定义准确、目的明确，能够反映城市可持续发展的特征。构建指标体系时，要全面系统。实用性是指本研究建立的指标体系能够对决策者起到一定的指导和支持的作用，能够描述一个城市各个方面的状况。

2. 典型性、可比性原则

城市的生态规划内涵深刻，各子系统之间的关系相当复杂，所以评价对象会有众多的可选指标。为了能够准确地说明和描述问题，应该选取代表性、典型性的指标。另外，由于城市之间的差异是客观存在的，所以指标体系在时间和空间上应该具有可比性，这样来衡量和对比不同城市的发展程度。

3. 层次性、数量化原则

随着适用对象的不同，信息总量呈现金字塔形状，但是信息的浓缩程度则需要逐渐加强，同时作为城市的行为代表和城市的不断发展的系统结构的指标应尽量达到数量化。

4. 动态性、可操作性原则

城市是一个可持续发展的过程，是一个包含社会、经济和自然要素发展变化的动态过程，各要素之间此消彼长。因此，指标体系在长期之内必须更新一些不合时宜的指标。此外，城市生态规划的指标体系不仅要有一定的理论价值，还应该有实际的应用价值，所以在设计和选取指标体系时，应该具备一定的可操作性。

5. 导向性原则

指标体系不仅要能够反映城市目前的发展状况，还要能反映社会、经济和环境资源各个要素之间过去和现在的关系，用以指示城市的未来发展方向。

城市是依赖于社会、经济和自然的不断发展而存在的，因此规划的发展模式应当充分体现地域特征。城市的发展是一个动态过程，所以最终要实现社会、经济和自然的动态平衡。

本研究中所采用的指标体系建立在充分体现具有地域特征和动态平衡的基础上，注重实用性和可操作性。

（三）西北地区东部中小城市“生长型”生态规划指标体系的设计

中国21世纪议程管理中心和国家统计局统计科学研究所联合成立了《可持续发展指标体系》课题组，建立了一套国家级的可持续发展指标体系，其涵盖了经济、社会、资源、环境、人口和科教六大方面。国家计委国土开发和地区的经济研究所将此系统中的经济、社会、环境和资源四方面作为重点指标。可持续发展城市的生态规划主要包括环境因素（环境的限制因素和生态的承载力）、经济因素和社会因素。

本部分“生长型”生态规划在参考结合西北地区东部城市的实际，在该地区生态环境较为脆弱的基础上，建立经济发展、生态环境保护和社会进步适度和谐的城市，具体包括社会、经济、环境、自然四个子系统的生态化。将其确定为指标体系的一级指标，结合西北地区东部中小城市的实际情况，确立二级指标，再结合指标的可选和可操作等确立最底层的单项指标体系，通过建立三层次的指标体系，评价预测城市的生态规划。研究的指标体系采用层次分析方法，对于西北地区东部中小城市的生态环境状况以及社会和经济的发展状况，本研究将通过经济、社会、环境、自然四个方面建立生态化的指标体系。西北地区东部中小城市中，石嘴山、榆林和铜川等为资源型城市。陕南等地区地质、气候和自然环境资源较为丰富。随着陕南地区成为国家南水北调工程及陕西省南水北调工程的主要产水区之后，陕南成为生态保护区。同时，对于濒危物种的保护和生态保护区的保护在国内外已取得了一定的进展。因此，自然生态指标的重要性需要加强。

本着获取数据途径方便、可操作性强的原则，从影响生态化的上述四个方面出发，结合西北地区东部中小城市的实际情况，建立“生长型”的城市生态规划指标体系（表 4–6）。

表 4–6　西北地区东部中小城市“生长型”城市生态规划指标体系

一级指标	二级指标	三级指标
生态经济	经济发展水平	GDP / 亿元
		人均 GDP / 元
		GDP 增长率 /%
		第三产业占 GDP 的比 /%
生态社会	产业结构	教育科学支出 / 万元
		万元 GDP 的用水量 /m^3
	资源利用效率	科技进步贡献率 /%
	人口 生活质量 城市建设	人口密度 /（人 / 千米^2）
		居民人均可支配收入 / 元
		每万人拥有公共汽车数 / 辆

续　表

一级指标	二级指标	三级指标
生态环境	大气环境	人均城市道路面积 /m^2
		工业废气排放总量 / 吨
		工业 S02 排放量 / 吨
	水环境	工业废水排放总量 / 万吨
		工业废水排放达标率 /%
		氨氮排放量 / 万吨
		COD_{Cr} 排放量 / 万吨
自然生态	固体废物	工业固体废物产生量 / 万吨
		工业固体废物的综合利用率 /%
	声环境	城市化地区噪声达标区覆盖率 /m^2
	水资源	工业用水重复利用率 /%
	土地资源	人均绿地面积 /m^2
		建成区绿化覆盖率 /%
	野生动植物及生物多样性	珍稀濒危物种保护率 /%

（四）西北地区东部中小城市“生长型”生态规划方法

1. 以生态为导向对总体布局进行规划

西北地区东部中小城市在发展过程中，为了减少城市发展与生态环境之间的矛盾，应当以生态为导向对该地区的总体布局进行规划。第一，对城市的社会、经济、生态环境状况进行调查分析，找出生态环境对城市发展的限制因素，分析城市的总体布局对城市生态环境的综合影响。对于西北地区东部，该限制因素主要为城市建设用地条件差、水资源缺乏、城市建设活动的承载调控能力弱以及生态环境较为脆弱。第二，根据城市的发展，对城市进行生态功能区划，制定各功能区的发展目标和需要的控制手段。第三，西北地区东部中小城市产业结构不合理，但生态与产业布局的相关度高，所以应调整产业结构，进而优化产业布局。第四，重视生态对城市系统规划的支持，进而维持和促进城市生态系统的稳定平衡。

2. 调整产业结构，优化产业布局

西北地区东部地理环境较为复杂，自然景观、人文景观独特，自然资源较为丰富，这些都是该地区优势产业发展的源泉。生态环境脆弱，产业的发展与生态发生矛盾，因而需要从各地的资源特点以及自身的优势出发，根据国内外市场的变化，发展市场前景广阔的优势产业。产业调整应该按照不同的阶段，突出重点，配合城市的转型和发展节奏，并与城市的生态环境保护相协调，逐步进行实现产业的优化。

3. 城市布局需紧凑，走集约发展之路

西北地区东部中小城市的用地普遍存在布局较为松散、城乡二元矛盾突出、城市的土地利用效率低等问题。紧凑的城市用地布局可以挖掘城市可建设用地的潜力，使得城市的土地得到综合利用及构建城市土地的平衡性，从而提高城市的综合能力。对于西北地区东部中小城市，走集约路线可以节约城市的建设投资，既利于城市运营，又方便城市的管理，形成健康的城市氛围，还可以提高城市的活力。

4. 动态的规划实施过程

城市在发展的过程中，受到各种因素的影响，故应该将动态的规划思想纳入城市的规划实施过程当中。西北地区东部面临西部大开发的机遇，在此机遇下，城市会更快速地发展，因此应该将城市的规划实施变为一个动态的过程。

三、西北地区东部中小型城市生态环境污染防控策略

（一）进一步完善环保法规体系，依法治理生产污染

城市污染问题的成因、范围和程度与农村是不相同的，城市的建设发展速度快，大气污染以及水污染严重，环保设施配备不齐全，因此土地污染问题较多，破坏严重。相关部门应当完善环境保护的法规体系，如倾倒垃圾管理法、森林资源保护法。对随意焚烧、随意排放牲畜粪便等行为要追究其法律责任，对当地企业随意排放废水、废气、废物、滥砍滥伐等行为要依法查处，必要时可以追究其刑事责任，对本地区政府、企业以及农民破坏环境、污染环境的生产行为要依法治理。

（二）加强西北地区东部中小型城市的环保基础设施建设

西北地区东部中小型城市的政府部门应当切实落实生态环境保护，增加环保的资金投入，进一步完善本地区环保基础设施建设，将垃圾处理车、沼气池

等配备齐全。政府部门可以建立环境治理分队，给予其环境治理监管权力，将那些环保设施配备不齐全的地区予以通报批评，并对相关领导和干部进行一定的行政处分等。

（三）转变传统观念，发展绿色经济

首先，当地政府要及时转变发展的观念，树立大局意识，将以往的“以GDP争高低”的错误观念摒弃掉，不能一味地发展经济，而不考虑环境污染的后果。要树立正确的发展观念，经济发展不单单指经济增长，还有生态环境平衡、环境美好等相关生态指标。有关部门在对政府的政绩进行考核评估的时候，也要考虑到经济发展与生态环境之间的协调，引导政府树立正确的生态观念和发展观念。其次，当地政府应当引进一些先进的环保设备和环保企业，重点发展绿色循环经济。政府还要鼓励企业以及种植大户等积极参与到发展绿色经济的行列。如政府可以将生产垃圾进行回收，建立先进的垃圾处理站，把生产垃圾进行回收变废为宝，不仅可以促进当地群众就业，还能够减少环境污染和资源浪费。

（四）提高人们环保意识，鼓励人们参与环保

首先，对相关领导干部加强环保知识的培训。他们的基层的工作经验比较丰富，在考虑问题时要更为深刻，思想意识也较为先进，在群众中威信力较高，对群众的影响较为直接和深刻，因此，提升干部的环保意识，落实环保行为特别重要。政府部门可以组织本地区的相关干部到党校或者培训中心进行环保知识的培训，加强环保观念，重视生产污染问题，提升其治理能力。其次，在地区开展环保宣传。西北部东部中小型城市的文化建设具有一定的落后性，当地政府可以邀请当地的文艺工作者、文艺爱好者、志愿者和环保组织，选择场地开展与生产环保相关的文化宣传活动，例如放映环保电影、歌舞、环保题材的小品，积极营造保护环境的良好氛围，不仅可以丰富当地人们的文化生活，还能够提升人们的环保意识，引导其主动参与环境保护。

参考文献

[1] 汪先锋 . 生态环境大数据 [M]. 北京 : 中国环境出版集团 , 2019.

[2] 宋海宏 , 宛立 , 秦鑫 . 城市生态与环境保护 [M]. 哈尔滨 : 东北林业大学出版社 , 2018.

[3] 魏斌 , 郝千婷 . 生态环境大数据应用 [M]. 北京 : 中国环境出版集团 , 2018.

[4] 许建贵 , 胡东亚 , 郭慧娟 . 水利工程生态环境效应研究 [M]. 郑州 : 黄河水利出版社 , 2019.

[5] 姚岚 . "城市双修"背景下湿地公园的生态修复策略与路径——以苏州虎丘湿地公园为例 [J]. 河南农业 , 2021 (35): 47–49.

[6] 庞捷 . 河西地区生态环境问题与城市园林绿化对策 [J]. 新农业 , 2021 (23): 54–55.

[7] 张智强 . 鲁北城市园林植物病虫害综合防控措施探讨 [J]. 现代园艺 , 2021, 44 (23): 87–88+175.

[8] 杜卫斌 , 陈明月 , 杜勇 . 生态环境保护下城市规划生态化设计研究 [J]. 城市住宅 , 2021, 28 (11): 149–150.

[9] 陈翔 . 绿色发展视阈下的资源枯竭型城市转型研究 [J]. 公关世界 , 2021 (22): 20–23.

[10] 我国生态混凝土制品与应用现状——生态混凝土分会 2020 年度行业发展报告 [J]. 混凝土世界 , 2021 (11): 20–24.

[11] 张明山，袁申梅，李亚娟．城市生态环境和经济耦合协调性研究——以益阳市为例 [J]. 环境生态学，2021, 3 (11): 22–28.

[12] 黄紫涛．生态环境保护对城市可持续发展的影响探讨 [J]. 能源与环境，2021 (5): 108–109.

[13] 徐俊杰．关于环境工程中的垃圾处理利用的探究 [J]. 皮革制作与环保科技，2021, 2 (20): 98–99.

[14] 邓良琼．市生态环境局 巩固提升成果 打造高品质城市 [N]. 汕尾日报，2021–10–30 (3) .

[15] 段丽娟．城市河道污染生态治理的重要性及策略 [J]. 现代企业，2021 (11): 162–163.

[16] 郭秀玲．现代城市园林绿化设计中存在的问题及对策 [J]. 住宅与房地产，2021 (30): 35–36.

[17] 葛瑶．公园城市视角下遗址公园景观营造策略研究——以西安市兴庆宫公园为例 [J]. 城市建筑，2021, 18 (30): 163–165.

[18] 为全国城市推进高质量生态环境管理先行示范 [N]. 深圳特区报，2021–10–23 (A3) .

[19] 池凌靖．雨水花园在城市居住区景观中的运用分析 [J]. 建材发展导向，2021, 19 (20): 88–89.

[20] 陈涛，张越，王玉阁，等．可持续发展视域下城市紧凑度与生态环境质量耦合协调关系研究——基于我国直辖市与省会城市的实证 [J]. 生态经济，2021, 37 (10): 93–99+107.

[21] 邵平．论城市生态环境保护与可持续发展 [J]. 皮革制作与环保科技，2021, 2 (19): 58–59.

[22] 马会，王雯．城市水系景观与场地设计分析 [J]. 中国住宅设施，2021 (9): 86–87.

[23] 刘芳芳．生态环境部：推动“无废城市”建设 [N]. 中国建材报，2021–09–27 (1) .

[24] 毛冬梅 . 林业生态环境保护与林业经济建设 [J]. 世界热带农业信息 ,2022 (2):40–41.
[25] 李玲 . 生态理念下的城市环境设计研究 [J]. 美与时代 (城市版) , 2021 (9): 56–57.
[26] 张晓晶 .《生态中国 : 海绵城市设计》: 生态环境视域下的城市建筑艺术设计研究 [J]. 建筑学报 , 2021 (9): 121.
[27] 民建北京市委 . 城市环境大脑助力打造生态智慧城市 [J]. 北京观察 , 2021 (9): 14–15.
[28] 刘洋 . 海绵城市理念下新建居住小区工程设计实践 [J]. 江西建材 , 2021 (8): 239+ 241.
[29] 马继 . 河道生态环境保护与治理工作 [J]. 资源节约与环保 , 2021 (8): 13–14.
[30] 曹文梁 . 生态宜居城市建设研究 [J]. 美与时代 (城市版) , 2021 (8): 34–35.
[31] 王子邦 . 城市园林景观设计中植物的优化配置 [J]. 住宅与房地产 , 2021 (24): 70–71.
[32] 蒙思伶 . 城市生态环境与园林绿化的可持续发展探讨分析——以南宁市为例 [J]. 现代园艺 , 2021, 44 (16): 167–169.
[33] 刘亚南 . 简析园林绿化工程施工与养护管理 [J]. 居业 , 2021 (8): 163–164.
[34] 北京市水科学研究院 . 系统开展水生态保护修复 持续提升河湖生态健康水平 [J]. 北京水务 , 2021 (4): 4–7.
[35] 于德财 , 张俊红 , 徐科展 , 等 . 城市化进程中城市热岛变化与环境污染关系研究 [J]. 环境科学与管理 , 2021, 46 (8): 91–94.
[36] 王真真 , 赵云 . 西宁城市发展水平与水生态环境质量耦合协调度研究 [J]. 产业创新研究 , 2021 (15): 48–50.
[37] 石春力 , 倪晓棠 , 赵尤阳 , 等 . 绿色生态城区建设实践探索与行动 [J]. 建设科技 , 2021 (14): 57–60, 87.
[38] 尹玉霞 . 基于城市建设大力推进郑州市生态环境建设 [J]. 产业创新研究 , 2021 (14): 32–34.

[39] 陈宇 . 城市生态环境的保护和治理与可持续发展 [J]. 资源节约与环保，2021 (7): 11–12.

[40] 张建周，王亚伟 . 城市固体废弃物处理及利用现状研究 [J]. 绿色环保建材，2021 (7): 45–46.

[41] 刘浏 . 海绵城市理念在市政给排水设计中的运用探究 [J]. 居业，2021 (7): 25–26.

[42] 于子铖，赵进勇，王琦，等 . 城市河流蜿蜒度变化对河流生态环境影响的量化研究 [J]. 中国农村水利水电，2021 (7): 72–80, 86.

[43] 张泰永 . 新型城市住宅建筑节能与生态环境的关系研究 [J]. 环境科学与管理，2021, 46 (7): 35–39.

[44] 陈波，张成，门宁 . 环保大数据在生态环境污染防治中的应用思考 [J]. 软件，2021, 42 (7): 101–103.

[45] 杨存军 . 园林树木在城市景观设计中的价值研究 [J]. 乡村科技，2021, 12 (19): 109–111.

[46] 王雪姣，李豪 . 公园城市生态环境竞争力评价研究 [J]. 中外建筑，2021 (6): 127–132.

[47] 胡金慧 . 城市内河生态环境治理规划及措施研究 [J]. 低碳世界，2021, 11 (6): 70–71.

[48] 朱艳，张雪华 . 郑州市生态环境状况评价简析 [J]. 绿色环保建材，2021 (6): 19–20.

[49] 吉利娜，刘泽娟 . 北运河水生态环境保护和修复的实践历程 [J]. 北京水务，2021 (3): 17–21.

[50] 谷晓光 . 城市生态环境管理原则及对策 [J]. 皮革制作与环保科技，2021, 2 (11): 124–125.